□ 高 等 学 校 教 材 □

环境工程综合实验教程

HUANJING GONGCHENG ZONGHE SHIYAN JIAOCHENG

◎ 王 兵 主编

化学工业出版社

·北京·

本书是高等院校环境工程专业课程教学实验配套教材，主要内容包括：实验设计及实验数据处理、环境监测实验、水污染控制工程实验、大气污染控制工程实验、石油工业污染控制实验和环境工程微生物学实验等。本书突出了石油工业环境保护的特色，特别针对钻井废水、压裂返排液、含油污水、油田回注水等特征污染物的处理实验以及油气田特殊污染物的环境监测方法进行了设计，对实验目的、实验装置、实验步骤、实验数据处理做了详细的介绍。

　　本书可作为高等院校环境工程、环境科学等相关专业的实验教学用书，也可供从事环境保护的科研人员以及油气田环境工程的技术人员参考。

图书在版编目（CIP）数据

环境工程综合实验教程/王兵主编 . —北京：化学工业
出版社，2011.1
高等学校教材
　ISBN 978-7-122-10364-2

Ⅰ．环… Ⅱ．王… Ⅲ．环境工程-实验-高等学校-教
材　Ⅳ．X5-33

中国版本图书馆 CIP 数据核字（2011）第 003900 号

责任编辑：杨　菁　彭喜英　金　杰	文字编辑：郑　直
责任校对：陶燕华	装帧设计：韩　飞

出版发行：化学工业出版社（北京市东城区青年湖南街 13 号　邮政编码 100011）
印　　装：大厂聚鑫印刷有限责任公司
787mm×1092mm　1/16　印张 10½　字数 256 千字　2011 年 2 月北京第 1 版第 1 次印刷

购书咨询：010-64518888（传真：010-64519686）　售后服务：010-64518899
网　　址：http：//www.cip.com.cn
凡购买本书，如有缺损质量问题，本社销售中心负责调换。

定　　价：26.00 元

前　言

随着经济、社会的不断发展，人类对环境质量的要求日益提高，对高等院校环境工程专业人才培养提出了更高的要求。环境工程实验教学是整个环境工程专业人才培养过程的重要组成部分，对于学生的实践能力培养起着重要作用。

石油天然气的勘探开发过程中产生大量的污染物，如不有效治理将对当地生态环境产生严重的影响，以墨西哥湾漏油事件为代表的污染事件表明，油田特殊污染物的治理和监测技术的开发是确保石油工业可持续发展的关键。

本书的主要内容包括：实验设计及实验数据处理、环境监测实验、水污染控制工程实验、大气污染控制工程实验、石油工业污染控制实验和环境工程微生物学实验等。在编写过程中力求突出石油工业环境保护的特色，特别针对钻井废水、压裂返排液、含油污水、油田回注水等特征污染物的处理实验以及油气田特殊污染物的环境监测方法进行了设计。

书中各章节的编写人员如下：第 1 章由王兵编写，第 2 章由王兵、任宏洋编写，第 3 章由冯英编写，第 4 章由任宏洋编写，第 5 章由王兵编写，第 6 章由冯英编写，第 7 章由梁宏编写，第 8 章由吴雁编写。

本书编写过程中参考了一些从事教学、科研、生产工作同行撰写的论文、教材、手册等，在此表示衷心感谢。

限于编者的水平，书中难免存在不足之处，敬请各位读者批评指正。

编　者

2010 年 10 月

前　言

目 录

第1章 导 论

1.1 实验教学的目的和要求

实验教学作为整个教学过程的重要组成部分，对于学生的实践能力培养起着重要作用，实验教学是培养学生掌握科学实验方法与技能，提高科学素质、动手能力与创新能力的重要手段，是高等学校的重要教学环节，在再创新人才培养中有着特殊的不可替代的作用。

环境工程是一门新兴的边缘学科，也是一门综合性较强的学科。随着社会对环境保护和污染治理要求的提高，对高校环境工程专业培养人才的目标提出了更高的要求，为培养出适应社会发展的新型人才，应进一步加强实验教学改革，以培养学生的动手能力为基础，逐步提高学生独立发现问题、分析问题和解决问题的能力，训练其运用理论知识去进行分析、设计和开发的实践技能，适应工程教育的要求。

1.2 实验研究的基本程序

一般情况下，实验研究分为四个阶段，即研究项目选择、实验设计、实验工作、总结工作。

（1）研究项目选择　在研究项目的选择中，首先根据国内外的科学发展趋势凝练出一个研究方向，进行相关文献的收集、阅读、分析，了解本研究的国内外研究现状，在对本领域的研究内容进行深入分析后，确定本研究的方向。

（2）实验设计　实验设计的目的是确定一个科学合理的实施计划，使整个研究工作有目的、有步骤地进行，最大限度地降低研究误差。

（3）实验工作　按照研究计划（方案）所规定的对象、内容、时间、手段、方法和程序等，展开科学研究工作，以获得研究者所希望结果的过程。

① 实验准备。按照实验方案做好相应的准备，包括文献复习和理论准备、仪器设备、材料准备、人员准备等。

② 预实验。在正式实验之前，一般要先进行预实验，从而为正式实验确定可行的实验方法和步骤。

③ 正式实验。正式实施实验，在实验过程中要依据实验的变化及时调整实验计划。

④ 数据资料积累。记录保存实验数据。

（4）总结工作　整理验证假说所需要的资料和数据，通过分析、综合、归纳、演绎等思维过程，使假说（论点）和资料（论据）按照逻辑规律结合起来，完成具体论证过程，假说成为结论，最终提出论文的工作总结。

① 数据资料处理。整理归纳分类实验数据。

② 统计分析。对实验数据进行统计学分析。

③ 提出结论。撰写论文报告。

第2章　实验设计

实验设计的目的是避免系统误差，控制、降低实验误差，无偏估计处理效应，从而对样本所在总体做出可靠、正确的推断。从实验设计的概念分为广义的实验设计和狭义的实验设计。广义的角度是指整个实验课题的拟定，主要包括课题的名称，实验目的，研究依据、内容及预期达到的效果，实验方案，实验单位的选取、重复数的确定，实验单位的分组，实验的记录项目和要求，实验结果的分析方法，经济效益或社会效益估计，已具备的条件，需要购置的仪器设备，参加研究人员的分工，实验时间、地点、进度安排和经费预算，成果鉴定，学术论文撰写等内容。而狭义的理解是指实验流程的确定，实验分析方法的选择，以及质量保证。通过实验设计和规划做出周密安排，力求用较少的人力、物力和时间，最大限度地获得丰富而可靠的资料，通过分析得出正确的结论。如果设计不合理，不仅达不到实验的目的，甚至导致整个实验的失败。因此，能否合理地进行实验设计，关系到科研工作的成败。

2.1　实验设计的基本原则

（1）随机化原则　随机化是指每个处理以概率均等的原则，随机地选择实验单元。统计学中的很多方法都是建立在独立样本的基础上的，用随机化原则设计和实施就可以保证实验数据的独立性。

（2）重复原则　由于实验的个体差异、操作差异以及其他影响因素的存在，同一处理对不同的实验单元所产生的效果也是有差异的。通过一定数量的重复实验，该处理的真实效应就会比较确定地显现出来，可以从统计学上对处理的效应给以肯定或予以否定。

① 独立重复实验。在相同的处理条件下对不同的实验单元做多次实验，这是人们通常意义下所指的重复实验，其目的是为了降低由样品差异而产生的实验误差，并正确估计这个实验误差。

② 重复测量。在相同的处理条件下对同一个样品做多次重复实验，以排除操作方法产生的误差。例如在实验过程中可以把一份样品分成几份，对每份样品分别做实验，以排除操作方法产生的误差。

（3）局部控制　是指在实验时采取一定的技术措施或方法来控制或降低非实验因素对实验结果的影响。在实验中，当实验环境或实验单位差异较大时，仅根据重复和随机化两原则进行设计不能将实验环境或实验单位差异所引起的变异从实验误差中分离出来，因而实验误差大，实验的精确性与检验的灵敏度低。为解决这一问题，在实验环境或实验单位差异大的情况下，根据局部控制的原则，可将整个实验环境或实验单位分成若干个小环境或小组，在小环境或小组内使非处理因素尽量一致。每个比较一致的小环境或小组，称为单位组（或区组）。因为单位组之间的差异可在方差分析时从实验误差中分离出来，所以局部控制原则能较好地降低实验误差。

以上所述重复、随机化、局部控制三个基本原则称为费雪（R. A. Fisher）三原则，是实验设计中必须遵循的原则，再采用相应的统计分析方法，就能够最大程度地降低并无偏估计实验误差，无偏估计处理的效应，从而对于各处理间的比较做出可靠的结论。

2.2　实验方案的制订

实验方案是指根据实验目的与要求而拟定的进行比较的一组实验处理的总称，是整个实验工作的核心部分，实验方案按供试因素的多少可区分为单因素实验方案、多因素实验方案。

2.2.1　单因素设计方法

单因素实验（single-factor experiment）是指整个实验中只比较一个实验因素的不同水平的实验。单因素实验方案由该实验因素的所有水平构成。单因素实验方案是最基本、最简单的实验方案。

单因素优化实验设计包括均分法、对分法、黄金分割法等多种方法，统称为优选法。

（1）均分法　均分法是在因素水平的实验范围 $[a, b]$ 内按等间隔安排实验点。在对目标函数没有先验认识的场合下，均分法可以作为了解目标函数的前期工作，确定有效的实验范围。

（2）对分法　对分法也称为等分法、平分法，是一种有广泛应用的方法，常用于特定的实验条件的优化过程，在实验范围 $[a, b]$ 内每次将搜索范围缩小一半，是一种高效的单因素实验设计方法，7 次实验就可以把目标范围锁定在实验范围的 1% 之内；10 次实验就可以把目标范围锁定在实验范围的 0.1% 之内。它不是整体设计，需要在每一次实验后确定下一次实验位置，属于序贯实验。

（3）黄金分割法　黄金分割法的思想是每次在实验范围内选取两个对称点做实验，这两个对称点的位置直接决定实验的效率。理论证明这两个点分别位于实验范围 $[a, b]$ 的 0.382 和 0.618 处是最优的选取方法。这两个点分别记为 X_1 和 X_2，则 $X_1 = a + 0.382(b-a)$，$X_2 = a + 0.618(b-a)$。对应的实验指标值记为 Y_1 和 Y_2。如果 Y_1 比 Y_2 好，则 X_1 是好点，把实验范围 $[X_2, b]$ 划去，保留的新的实验范围是 $[a, X_1]$；如果 Y_2 比 Y_1 好，则 X_2 是好点，把实验范围 $[a, X_1]$ 划去，保留的新实验范围是 $[X_2, b]$。不论保留的实验范围是 $[a, X_1]$ 还是 $[X_2, b]$，不妨统一记为 $[a_1, b_1]$。对这新的实验范围 $[a_1, b_1]$ 重新使用以上黄金分割过程，得到新的实验范围 $[a_2, b_2]$，$[a_3, b_3]$，…，逐步做下去，直到找到满意的、符合要求的实验结果。

2.2.2　多因素实验方案

多因素实验（multiple-factor or factorial experiment）是指在同一实验中同时研究两个或两个以上实验因素的实验。在生产过程中影响实验指标的因素通常是很多的，首先需要从众多的影响因素中挑选出少数几个主要的影响因素，多因素实验方案由该实验的所有实验因

素的水平组合（即处理）构成。

（1）选择实验方案的原则

① 实验因素的数目要适中。实验因素不宜选得太多。如果实验因素选得太多（例如超过10个），这样不仅需要做较多的实验，而且会造成主次不分。如果仅从专业知识不能确定少数几个影响因素，就要借助筛选实验来完成这项工作。实验因素也不宜选得太少。若实验因素选得太少（例如只选定一两个因素），可能会遗漏重要的因素，使实验的结果达不到预期的目的。

② 实验因素的水平范围应当尽可能大一些。如果实验在实验室中进行，实验范围尽可能大的要求比较容易实现；如果实验直接在现场进行，则实验范围不宜太大，以防实验性生产产生过多次品，或发生危险。因素的水平数要尽量多一些。如果实验范围允许大一些，则每一个因素的水平数要尽量多一些。

③ 在实验设计中实验指标要使用计量的测度，不要使用合格或不合格这样的属性测度，更不要把计量的测度转化为不合格品率，这样会丧失数据中的有用信息，甚至产生误导。

（2）因素轮换法　因素轮换法也称为单因素轮换法，是解决多因素实验问题的一种非全面实验方法，是在实际工作中被工程技术人员所普遍采用的一种方法。这种方法的思想是：每次实验中只变化一个因素的水平，其他因素的水平保持固定不变，希望逐一地把每个因素对实验指标的影响摸清，分别找到每个因素的最优水平，最终找到全部因素的最优实验方案。

实际上这个想法是有缺陷的，它只适合于因素间没有交互作用的情况。当因素间存在交互作用时，每次变动一个因素的做法不能反映因素间交互作用的效果，实验的结果受起始点影响。如果起始点选得不好，就可能得不到好的实验结果，对这样的实验数据也难以做深入的统计分析，是一种低效的实验设计方法。

（3）完全方案　在列出因素水平组合（处理）时，要求每一个因素的每个水平都要碰见一次，这时，水平组合数等于各个因素水平数的乘积。根据完全实验方案进行的实验称为全面实验。全面实验既能考察实验因素对实验指标的影响，也能考察因素间的交互作用，并能选出最优水平组合，从而能充分揭示事物的内部规律。多因素全面实验的效率高于多个单因素实验的效率。全面实验的主要不足是，当因素个数和水平数较多时，水平组合数太多，以至于在实验时，人力、物力、财力、场地等都难以承受，实验误差也不易控制。因而全面实验宜在因素个数和水平数都较少时应用。

（4）不完全方案　这也是一种多因素实验方案，但与上述多因素实验完全方案不同。它是将实验因素的某些水平组合在一起形成少数几个水平组合。这种实验方案的目的在于探讨实验因素中某些水平组合的综合作用，而不在于考察实验因素对实验指标的影响和交互作用。这种在全部水平组合中挑选部分水平组合获得的方案称为不完全方案。

正交实验是常见的多因素分析方法。正交表是根据组合理论，按照一定规律构造的表格，它在实验设计中有广泛的应用。以正交表为工具安排实验方案和进行结果分析的实验称为正交实验。它适用于多因素、多指标（试验需要考察的结果）、多因素间存在交互作用（因素之间联合起作用）、具有随机误差的实验。通过正交实验，可以分析各因素及其交互作用对实验指标的影响，按其重要程度找出主次关系，并确定对实验指标的最优工艺条件。在正交实验中要求每个所考虑的因素都是可控的。在整个实验中每个因素所取值的个数称为该因素的水平。

正交表的符号为 $L_a(b^c)$，其中 L 表示正交表；下标 a 是正交表的行数，表示实验次数；c 是正交表的列数，表示实验至多可以安排的因素个数；b 是表中不同数字的个数，表示每个因素的水平数。例如 $L_8(2^7)$，8 表示正交表中有 8 行，即安排实验的次数为 8 次；7 表示正交表中有 7 列，实验至多可安排 7 个因素（包括交互作用的因素）；2 表示每个因素只有两个水平。这种正交表称为 2 水平型的正交表，见表 2-1。

表 2-1　2 水平型的正交表 $[L_8(2^7)]$

水平＼列号 实验号	1	2	3	4	5	6	7
1	1	1	1	1	1	1	1
2	1	1	1	2	2	2	2
3	1	2	2	1	1	2	2
4	1	2	2	2	2	1	1
5	2	1	2	1	2	1	2
6	2	1	2	2	1	2	1
7	2	2	1	1	2	2	1
8	2	2	1	2	1	1	2

一般情况下，正交表的设计可遵循以下几个步骤

① 确定实验中变化因素的个数及每个因素变化的水平。

② 根据专业知识或经验，初步分析各因素之间的交互作用，确定哪些是必须考虑的，哪些是暂时可以忽略的。

③ 根据实验的人力、设备、时间及费用，确定可能进行的大概实验次数。

④ 选用合适的正交表，安排实验。

一个周密、完善的实验方案，不仅可以节省人力、物力，多快好省地完成实验任务，而且可以获得正确的实验结论。如果方案拟定不合理，如因素、水平选择不当，部分实验方案所包含的水平组合针对性或代表性差，实验将得不出应有的结果，甚至导致实验的失败。因此，实验方案的拟定在整个实验中占着极其重要的位置。

第3章 误差与实验数据处理

3.1 误差的基本概念

实验常需要做一些定量分析的测定，同一项目的多次重复测量，结果可能各不相同，即实验值与真实值之间存在差异，即实验误差。引起实验误差的因素较多，通常随着研究人员对研究课题认识的提高、仪器设备的不断完善，实验中的误差会逐渐减小。

实验中，一方面必须对所测对象进行分析研究，善于判断分析结果的准确性，查出产生误差的原因，并对取得的数据给予合理的解释，以及进一步研究减免误差的方法，不断提高分析结果的准确程度。另一方面还必须对所得的数据加以归纳，用一定的方式表示出各数据之间的相互关系。前者即误差分析，后者为数据处理。

对实验结果进行误差分析与数据处理的目的在于：

① 可以根据科学实验的目的，合理地选择实验装置、仪器条件和方法；

② 能正确处理数据，以便在一定条件下得到真实值的最佳结果；

③ 合理选择实验结果的误差，避免由于误差选取不当造成人力、物力的浪费；

④ 总结测定的结果，得出正确的实验结论，并通过必要的整理归纳，绘成实验曲线或得出经验公式，为验证理论分析提供条件。

3.1.1 准确度和误差

准确度是指测定值与真实值之间的偏离程度。误差通常用于表示分析结果的准确度，包括绝对误差和相对误差。绝对误差指测定值与真实值之差；相对误差指绝对误差与真实值之比。即：

$$绝对误差＝测定值－真实值$$
$$相对误差＝绝对误差/真实值$$

绝对误差用于反映测定值偏离真实值的大小，其单位与测定值相同。由于不易测得真实值，实际应用中常用测定值与平均值之差表示绝对误差，与被测物量的大小无关。相对误差用于不同观测结果的可靠性的对比，常用百分数表示，与被测物量的大小有关。若被测的量越大，则相对误差愈小。一般用相对误差来反映测定值与真实值之间的偏离程度（即准确度）比用绝对误差更为合理。

3.1.2 精密度和偏差

精密度是指经过几次平行测定，得到几个测定结果，结果之间相互接近的程度。通常被测量的真实值很难准确知道,于是用多次重复测量结果的平均值代替真实值。这样单次测定的结果与平均值之间的偏离程度称为偏差。偏差与误差一样,也有绝对偏差和相对偏差。

$$绝对偏差＝单位测定值－平均值$$
$$相对偏差＝绝对偏差/平均值$$

从相对偏差的大小可以反映出测量结果再现性的好坏,即测量的精密度。相对偏差小,即可视为再现性好,即精密度高。

3.1.3 产生误差的原因

产生误差的原因很多。根据误差的性质及发生的原因,一般可分为系统误差、偶然误差、过失误差等。

(1) 系统误差 由于测定过程中某些经常性的原因所造成的误差称为系统误差,它对分析结果的影响比较恒定。在做多次重复测量时,由于这些固定因素的影响,使结果总是偏高或偏低。这些固定因素主要来源有以下几个方面:①由于分析测定的方法不够完善而引入的误差;②所用的仪器本身缺陷造成的误差,如量具刻度不准,砝码未校正等;③试剂不纯引起的误差,如试剂不纯或器皿质量不高,引入了微量的待测组分或对测定有干扰的杂质而造成的误差;④个人生理特点引起的误差,如人对颜色变化不敏感造成的误差。

系统误差可以用改善实验方法、在实验前校正仪器、检查试剂纯度、提纯药品或在实验中同时进行空白实验等措施来减少。有时也可以在找出误差原因后,算出误差的大小而加以修正。

(2) 偶然误差 在多次重复测定中,即使操作者技术再高,工作再细致,每次测定的数据也不可能完全一致。而是有时稍偏高些,有时稍偏低些。这种误差产生的原因常常难以察觉,例如有时可能由于温度、气压、偶然波动引起,也有可能在读数时个人一时辨别差异使读数不一致等。这种误差是由于偶然因素引起的,在实验操作中不能完全避免。

偶然误差的大小可由精密度表现出来。测定结果的精密度越高,偶然误差越小;反之,精密度越差,测定的偶然误差越大。通常可采用"多次测定,取平均值"的方法来减小偶然误差。

(3) 过失误差 除了上述两类误差外,还有由于工作粗枝大叶、不遵守操作规程等原因而造成测量的数据有很大的误差。这些属于不应有的过失,但会对分析结果带来严重影响,必须注意避免。为此,必须严格遵守操作规程,一丝不苟,耐心细致地进行实验,在学习过程中养成良好的实验习惯。如果确知由于过失差错而引起的误差,则在计算平均值时应去除该次测量的数据。

3.2 实验数据的处理

实验数据处理时,一般都需要在校正系统误差和剔除错误的测定结果后,计算出结果可能达到的准确范围,即应算出分析结果中包含的偶然误差。首先要把数据加以整理,剔除由于明显、充分的原因而与其他测定结果相差甚远的数据,对于那些精密度似乎不甚高的可疑数据,则应按照处理规则决定取舍。然后计算出剩下数据的平均值,以及各数据对平均值的偏差和平均偏差。再从平均偏差算出平均值与真实数值的差距,以求出真实数值可能存在的范围。

3.2.1 真值与平均值

实验过程中做各种测试工作，由于受到仪器、实验方法、环境、人为因素等方面的限制，不可能测得真实值。如果对同一考察项目进行无限多次的测试，然后根据误差分布定律中正负误差出现概率相等的原则，可以求出测试值的平均值，在无系统误差的情况下此值接近于真实值。但通常实验的次数是有限的，用有限次数求得的平均值是真实值的近似值。

常用的平均值有：算术平均值、均方根平均值、加权平均值、中位值、几何平均值。计算平均值方法的选择，主要取决于一组观测值的分布类型。

(1) 算术平均值　算术平均值是最常用的一种平均值，当观测值呈正态分布时，算术平均值最近似真实值。设 x_1，x_2，$\cdots$，x_n 为各次的测量值，n 代表测量次数，则算术平均值为：

$$\bar{x} = \frac{x_1 + x_2 + \cdots + x_n}{n} = \frac{1}{n}\sum_{i=1}^{n} x_i$$

(2) 均方根平均值　均方根平均值为：

$$\bar{x} = \sqrt{\frac{x_1^2 + x_2^2 + x_3^2 + \cdots + x_n^2}{n}} = \frac{1}{n}\sqrt{\sum_{i=1}^{n} x_i^2}$$

(3) 加权平均值　若对同一事物用不同方法去测定，或者由不同的人去测定，计算平均值时，常用加权平均值。

$$\bar{x} = \frac{\omega_1 x_1 + \omega_2 x_2 + \cdots + \omega_n x_n}{\omega_1 + \omega_2 + \cdots + \omega_n} = \frac{\sum_{i=1}^{n} \omega_i x_i}{\sum_{i=1}^{n} \omega_i}$$

式中　ω_1，ω_2，$\cdots$，ω_n——与各测量值相应的权。

(4) 中位值　中位值是指一组测量值按大小顺序排列的中间值。若测量次数是偶数，则中位值是中间两个值的平均值。中位值最大的优点是求法简单，只有当测量值的分布呈正态分布时，中位值才能代表一组测量值的中心趋向，近似于真实值。

(5) 几何平均值　如果一组测量值是非正态分布，当这组数据取对数后，所得图形的分布曲线更对称时，常用几何平均值。几何平均值是一组 n 个测量值连乘并开 n 次方求得的值：

$$\bar{x} = \sqrt[n]{x_1 x_2 \cdots x_n}$$

也可用对数表示：

$$\lg \bar{x} = \frac{1}{n}\sum_{i=1}^{n} \lg x_i$$

3.2.2 精密度的表示法

若在某一条件下进行多次测试，其误差为 δ_1，δ_2，$\cdots$，δ_n，因为单个误差可大可小，可正可负，无法表示该条件下测试精度，因此常采用极差、算术平均偏差、标准偏差等来表示精密度的高低。

(1) 极差　极差是指一组测量值中的最大值与最小值之差，是用以描述实验数据分散程度的一组特征参数。计算式为：

$$R = x_{\max} - x_{\min}$$

极差的缺点是只与两极端值有关，而与测量次数无关，用它反映精密度的高低比较粗糙。但其计算简便，在快速检验中可以用以度量数据波动的大小。

（2）算术平均偏差　算术平均偏差是测量值与平均值之差的绝对值的算术平均值，用下式表示：

$$\delta = \frac{\sum\limits_{i=1}^{n} |x_i - \bar{x}|}{n}$$

式中　δ——算术平均偏差；

x_i——测量值；

$\bar{x}$——全部测量值的平均值；

n——测量次数。

算术平均偏差的缺点是无法表示出各次测试间彼此符合的情况。因为，在一组测试中偏差比较接近的情况下，与另一组测试中偏差有大、中、小三种情况下，所得的算术平均偏差可能完全相等。

（3）标准偏差（均方根偏差）　为各测量值与平均值之差的平方和的算术平均值的平方根：

$$d = \sqrt{\frac{\sum\limits_{i=1}^{n} (x_i - \bar{x})^2}{n}}$$

在有限测量次数中，标准偏差常用下式表示：

$$d = \sqrt{\frac{\sum\limits_{i=1}^{n} (x_i - \bar{x})^2}{n - 1}}$$

当测量值越接近平均值时，标准偏差越小；当测量值和平均值相差越大时，标准偏差越大，即标准偏差对测试中的较大误差或较小误差比较灵敏，它是表示精密度的较好方法，是表明实验数据分散程度的特征参数。

3.2.3　有效数字

实验中，为了得到准确的分析结果，不仅要准确地测量、记录，而且还要正确地计算。因此，表示测定结果数字的位数应当恰当。位数多少常用"有效数字"表示。有效数字就是指准确测定的数值加上最后一位估读数所得的数字。实验中测量值的有效数字与仪器仪表的刻度有关，一般可根据实际可能估计到 1/10、1/5、1/2。

在整理数据时，常要运算一些精密度不相同的数值，此时要按照一定的计算规则，合理地取舍各数据的有效数字位数。一些常用的运算规则如下：

① 记录测量值时，只保留一位可疑数，其余一律舍去。

② 几个数据相加或相减时，它们的和或差的有效数字的保留，应以小数点后位数最少的数据为根据。

③ 乘除法运算中有效数字的位数取决于相对误差最大的那个数。

④ 计算有效数字的位数时，若首位有效数字是 8 或 9，则有效数字位数要多计 1 位。

⑤ 在计算过程中，可以暂时多保留一位数字，得到最后结果时，再根据四舍五入原则弃去多余的数字。但当尾数为 5 时，则看保留下来的末位数是奇数还是偶数，是奇数就将 5 进位，是偶数就将 5 舍去。

3.2.4　可疑测量值的取舍

在实际工作中，作平行测定时，有时会发现个别测量值与其他测量值相差很大，通常称为可疑值。如果保留这样的数据，会影响平均值的可靠性。但也不可以为了单纯追求实验结果的"一致性"，而把这些数据随便舍弃。处理这类可疑数据的方法较多，此处仅介绍 Q 值检验法。

当测定次数 $n=3\sim10$ 时，根据所要求的置信度（如取 90%）按照下列步骤，检验可疑数据是否可以弃去。

① 将各数据按递增的顺序排列：x_1，x_2，$\cdots$，x_n；

② 求出最大与最小值之差 $x_{max}-x_{min}$；

③ 求出可疑数据与其临近数据之间的差 x_n-x_{n-1}；

④ 求出 $Q=(x_n-x_{n-1})/(x_{max}-x_{min})$；

⑤ 根据测定次数 n 和要求的置信度查表 3-1 得出 Q_{090}，将 Q 和 Q_{090} 相比，若 $Q>Q_{090}$ 则弃去可疑值，否则予与保留。

表 3-1　不同置信度下舍弃可疑数据的 Q 值表

测定次数 n	置　信　度		
	$90\%(Q_{090})$	$96\%(Q_{096})$	$99\%(Q_{099})$
3	0.94	0.98	0.99
4	0.76	0.85	0.93
5	0.64	0.73	0.82
6	0.56	0.64	0.74
7	0.51	0.59	0.68
8	0.47	0.54	0.63
9	0.44	0.51	0.60
10	0.41	0.48	0.57

3.2.5　实验数据的表示方法

在对实验数据进行误差分析整理去除错误数据后，还可通过数据处理，将实验所提供的数据归纳整理，用图形、表格或经验公式加以表示，以找出影响研究事物的各因素之间互相影响的规律，为得到正确的结论提供可靠的信息。

常用的实验数据表示方法有列表表示法、图形表示法和方程表示法三种，表示方法的选择主要依据经验。

（1）列表表示法　是将一组实验数据中的自变量、因变量的各个数值依一定的形式和顺序一一对应列出来，借以反映各变量之间的关系。完整的表格应包括表的序号、表题、表内项目的名称和单位、说明，以及数据来源等。

实验测得的数据，其自变量和因变量的变化有时是不规则的，使用起来不方便。此时可以通过数据的分度，使表中所列数据有规则地排列，即当自变量作等间距顺序变化时，因变量也随着顺序变化，这样的表格查阅较方便。数据分度的方法有多种，较为简单的方法是先用原始数据画图，作出一条光滑曲线，然后在曲线上一一读出所需数据，并列表。

（2）图形表示法　图形表示法的优点在于形式简明直观，便于比较，易显出数据中的最高点或最低点、转折点、周期性以及其他奇异性等。当图形作得足够准确时，可以不必知道变量间的数学关系，对变量进行运算后得到需要的结果。

图形表示法用于两种场合：①已知变量间的依赖关系图形，通过实验，将取得数据作图，然后求出响应的一些参数；②两个变量之间的关系不清，将实验数据点绘于坐标纸上，用于分析变量间的关系和规律。

（3）方程表示法　实验数据用列表或图形表示后，使用时虽然直观简便，但不便于理论分析研究，故常需用数值表达式来反映自变量与因变量的关系。

方程表示法通常包括下面两个步骤。

第一步：选择经验公式。表示一组实验数据的经验公式应该是形式简单，式中系数不应太多。通常是先将实验数据在坐标纸上描点，再根据经验和几何知识推测经验公式的形式。若经验证明此形式不够理想时，则应立新式，再进行实验，直到得到满意的结果为止。表达式中容易直接用实验验证的是直线方程，因此，应尽量使所得函数形式呈直线式，若不是直线式，可以通过变量变换，使所得图形改为直线。

第二步：确定经验公式的系数。确定经验公式系数的方法有多种，直线图解法和回归分析中的一元线性回归、一元非线性回归，以及回归线的相关系数与精度等，都可以依据所掌握的数学知识获得。

第4章 环境监测实验

4.1 环境监测方案的制定

4.1.1 水环境监测方案的制定

4.1.1.1 地表水质监测方案的制定

（1）监测基础资料的收集　在制定监测方案之前，尽可能完备地收集欲监测水体及所在区域的有关资料：

① 水体的水文、气候、地质和地貌资料。

② 沿岸城市分布、工业布局、污染源及其排污情况、城市给排水情况等。

③ 水体沿岸的资源现状和水资源的用途；饮用水源分布和重点水源保护区；水体流域土地功能及近期使用计划等。

④ 历年的水质资料等。

（2）监测断面的设置原则　在对调查研究结果和有关资料进行综合分析的基础上，根据监测目的和监测项目，并考虑人力、物力等因素确定监测断面和采样点。

监测断面的设置原则的确定，主要考虑水质变化较为明显或特定功能水域或有较大的参考意义的水体，具体来讲可概述为以下六个方面。

① 有大量废水排入河流的主要居民区、工业区的上游和下游。

② 湖泊、水库、河口的主要入口和出口。

③ 较大支流汇合口上游和汇合后与干流充分混合处；入海河流的河口处；受潮汐影响的河段和严重水土流失区。

④ 国际河流出入国境线的出入口处。

⑤ 饮用水源区、水资源集中的水域、主要风景游览区、水上娱乐区及重大水力设施所在地等功能区。

⑥ 应尽可能与水文测量断面重合，并要求交通方便，有明显的岸边标志。

（3）地表水水质监测断面的设置

① 河流监测断面的设置。对于江、河水系或某一河段，要求设置对照断面、控制断面和削减断面。

对照断面：为了解流入监测河段前的水体水质状况而设置。这种断面应设在河流进入城市或工业区以前的地方，避开各种废水、污水流入或回流处。一条河流只设一个对照断面。

控制断面：为评价、监测河段两岸污染源对水体水质影响而设置。控制断面的数目应根据城市的工业布局和排污口分布情况而定，一般设在排污口下游 500～1000m 处。

削减断面：是指河流受纳废水和污水后，经稀释扩散和自净作用，使污染物浓度显著下降，其左、中、右三点浓度差异较小的断面。通常设在城市或工业区最后一个排污口下游1500m 的河段上。

② 湖泊、水库监测断面的设置。进出湖泊、水库的河流进出口分别设置监测断面。

以各功能区（城市工厂的排污口、饮用水源、风景游览区等）为中心，在其辐射线上设置弧形监测断面。

在湖库中心、深水区、浅水区、滞留区、不同鱼类的回游产卵区、水生生物经济区设置断面。

（4）采样垂线的确定　设置监测断面后，由水面宽度确定断面上采样垂线，由采样垂线的深度确定采样点位置和数目，见表 4-1。

表 4-1　采样垂线的设置

水面宽	垂线	垂线深度	采 样 点
<50m	一条中泓垂线	<1m	1/2 水深处一个采样点
100～1000m	左、中、右共三条	≤5m	水面下 0.3～0.5m 处一个采样点
>1500m	至少 5 条等距离垂线	5～10m	水面下 0.3～0.5m 处一个采样点,河底上约 0.5m 处一个
—	—	10～50m	水面下 0.3～0.5m 处一个采样点,河底上约 0.5m 处一个,1/2 水深处一个
—	—	>50m	>3 个采样点

（5）采样时间和采样频率

① 对于较大水系干流和中、小河流全年采样不少于 6 次。采样时间为丰水期、枯水期和平水期，每期采样两次。

工业区、污染较重的河流、游览水域、饮用水源地全年采样不少于 12 次；采样时间为每月一次或视具体情况选定。底泥每年在枯水期采样一次。

② 潮汐河流全年在丰水期、枯水期、平水期采样，每期采样两天，分别在大潮期和小潮期进行，每次应采集当天涨、退潮水样分别测定。

③ 排污渠每年采样不少于三次。

④ 设有专门监测站的湖泊、水库，每月采样 1 次，全年不少于 12 次。其他湖泊、水库全年采样 2 次，枯水期、丰水期各 1 次。有废水排入、污染较重的湖泊、水库，应酌情增加采样次数。

⑤ 背景断面每年采样 1 次。

4.1.1.2　地下水质监测方案的制定

相对地面水而言，地下水的流动性和水质参数的变化比较缓慢。地下水质监测方案的制定过程与地面水基本相同。

（1）调查研究和收集资料

① 收集、汇总监测区域的水文、地质、气象等方面的有关资料和以往的监测资料。

② 调查监测区域内城市发展、工业分布、资源开发和土地利用情况，尤其是地下工程规模和应用等；了解化肥和农药的施用面积和施用量；查清污水灌溉、排污、纳污和地面水污染现状。

③ 测量或查知水位、水深，以确定采水器和泵的类型、所需费用和采样程序。

④ 在完成以上调查的基础上，确定主要污染源和污染物，并根据地区特点与地下水的主要类型把地下水分成若干个水文地质单元。

（2）采样点的设置　由于地质结构复杂，使地下水采样点的设置也变得复杂。自监测井采集的水样只代表含水层平行和垂直的一小部分，所以，必须合理地选择采样点。

① 背景值监测点的设置。背景值监测点应设在污染区的外围不受或少受污染的地方。对于新开发区，应在引入污染源之前设背景值监测点。

② 监测井（点）的布设。布设监测井时，应考虑环境水文地质条件、地下水开采情况、污染物的分布和扩散形式，以及区域水化学特征等因素。对于工业区和重点污染源所在地的监测井（点）布设，主要根据污染物在地下水中的扩散形式确定。

一般监测井在液面下 0.3～0.5m 处采样。若有间温层或多含水层分布，可按具体情况分层采样。

（3）采样时间和采样频率的确定

① 每年应在丰水期和枯水期分别采样测定；有条件的地方按地区特点分四季采样；已建立长期观测点的地方可按月采样监测。

② 通常每一采样期至少采样监测 1 次；对饮用水源监测点，要求每一采样期采样监测两次，其间隔至少 10 天；对有异常情况的井点，应适当增加采样监测次数。

4.1.1.3　水污染源监测方案的制定

水污染源包括工业废水源、生活污水源等。制定监测方案前应收集有关资料，查清用水情况、废水或污水的类型、主要污染物及排污去向。水污染源一般经管道或渠、沟排放，截面积比较小，不需设置断面，而直接确定采样点位。

（1）采样点的设置

① 工业废水。在车间或车间设备废水排放口设置采样点监测一类污染物。主要包括：汞、镉、砷、铅的无机化合物，六价铬的无机化合物及有机氯化合物和强致癌物质等。

在工厂废水总排放口布设采样点监测二类污染物。主要包括：悬浮物，硫化物，挥发酚，氰化物，有机磷化合物，石油类，铜、锌、氟的无机化合物，硝基苯类，苯胺类等。

已有废水处理设施的工厂，在处理设施的排放口布设采样点。为了解废水处理效果，可在进出口分别设置采样点。在排污渠道上，采样点应设在渠道较直、水量稳定，上游无污水汇入的地方。

② 生活污水。采样点设在污水总排放口。对污水处理厂，应在进、出口分别设置采样点采样监测。

（2）采样时间和频率　工业废水的污染物和排放量常随工艺条件及开工率的不同而有很大差异，故采样时间、周期和频率的选择是一个较复杂的问题。

《环境监测技术规范》中规定向国家直接报送数据的废水排放源：工业废水每年采样监测 2～4 次，生活污水每年监测 2 次，春、夏季各一次，医院污水 4 次/年、1 次/季度。

4.1.2　空气污染监测方案的制定

空气污染监测方案的程序的制定过程中，首先应根据监测目的进行调查研究，收集相关的资料，然后经过综合分析，确定监测项目，设计布点网络，选定采样频率、采样方法和监测技术，建立质量保证程序和措施，提出进度安排计划和对监测结果报告的要求等。

（1）监测目的

① 通过对环境空气中主要污染物质进行定期或连续地监测，判断空气质量是否符合《环境空气质量标准》或环境规划目标的要求，为空气质量状况评价提供依据。

② 为研究空气质量的变化规律和发展趋势，开展空气污染的预测预报，以及研究污染物迁移转化情况提供基础资料。

③ 为政府环保部门执行环境保护法规，开展空气质量管理及修订空气质量标准提供依据和基础资料。

（2）调研及资料收集

① 污染源分布及排放情况。

② 气象资料。

③ 地形资料。

④ 土地利用和功能分区情况。

⑤ 人口分布及人群健康情况。

（3）监测项目　空气中的污染物质多种多样，应根据监测空间范围内实际情况和优先监测原则确定监测项目，并同步观测有关气象参数。

（4）采样站（点）的布设

① 布设采样站（点）的原则和要求。采样点应设在整个监测区域的高、中、低三种不同污染物浓度的地方。

在污染比较集中、主导风向比较明显的情况下，应将污染源的下风向作为主要监测范围，布设较多的采样点；上风向布设少量采样点作为对照。

工业较密集的城区和工矿区，人口密度大及污染超标地区，要适当增设采样点；城市郊区和农村，人口密度小及污染物浓度低的地区，可酌情少设采样点。

采样点的周围应开阔，采样口水平线与周围建筑物高度的夹角应不大于30°。测点周围无局地污染，并应避开树木及吸附能力较强的建筑物。交通密集区的采样点应设在距人行道边缘至少1.5m远处。

各采样点的设置条件要尽可能一致化或标准化，使获得的监测数据具有可比性。

采样高度根据监测目的而定。研究大气污染对人体的危害，采样口应在离地面1.5～2m处；研究大气污染对植物或器物的影响，采样口高度应与植物或器物高度相近。连续采样例行监测采样口高度应距离地面3～15m；若置于屋顶采样，采样口应与基础面有1.5m以上的高度，以减少扬尘的影响。特殊地形地区可视实际情况选择采样高度。

② 采样站（点）数目的确定。在一个监测区域内，采样点设置数目应根据监测范围大小、污染物的空间分布和地形特征、人口分布情况及其密度、经济条件等因素综合考虑确定，见表4-2和表4-3。

表4-2　我国空气环境污染例行监测采样站（点）设置数目

市区人口/万人	SO₂、NOₓ 或 NOₓ、TSP	灰尘自然降尘量	硫酸盐化速率
≤50	3	≥3	≥6
50～100	4	4～8	6～12
100～200	5	8～11	12～18
200～400	6	12～20	18～30
>400	7	20～30	30～40

表 4-3　WHO 推荐的城市空气自动监测点数目

市区人口/万人	可吸入颗粒物	SO$_2$	NO$_x$	氧化剂	CO	风向、风速
≤100	2	2	1	1	1	1
100～400	5	5	2	2	2	2
400～800	8	8	4	3	4	2
＞800	10	10	5	4	5	3

③ 采样站（点）布设方法。监测区域内的采样站（点）总数确定后，可采用经验法、统计法、模拟法等进行站（点）布设。经验法是常采用的方法，特别是对尚未建立监测网站或监测数据积累少的地区，需要凭借经验确定采样站（点）的位置。其具体方法主要包括：功能区布点法、网格布点法、同心圆布点法、扇形布点法。

（5）采样频率和采样时间　采样频率系指在一个时段内的采样次数；采样时间指每次采样从开始到结束所经历的时间。我国城镇空气质量采样频率和时间规定见表 4-4。

表 4-4　我国城镇空气质量采样频率和时间规定

监测项目	采样时间和频率
二氧化硫	隔日采样,每天连续采样(24±0.5)h,每月 14～16d,每年 12 个月
氮氧化物	同二氧化硫
总悬浮颗粒物	隔双日采样,每天连续采样(24±0.5)h,每月 5～6d,每年 12 个月
灰尘自然降尘量	每月采样(30±2)d,每年 12 个月
硫速盐化速率	每月采样(30±2)d,每年 12 个月

4.1.3　噪声监测

4.1.3.1　噪声监测布点方法

（1）工业企业厂界噪声　在工厂周围有敏感建筑物的厂界布点，若厂界噪声超标较重而敏感建筑距离又近，除在厂界外布点测量外，还应在居民家中测量。

城市区域环境噪声测量或达标区的环境噪声监测，在企业厂界外离声源最近处布点测量，若有多个声源，便布多个测点。

新、扩、改企业厂界噪声监测，在厂界外高声源处测量，若测量结果不超标，在厂界周围可以不考虑噪声的敏感点，采用等声级布点方法，声级间隔可选择 3dB（A）（小企业）或 5dB（A）（大中企业），绕厂界一周布点监测。

扩、改项目占企业的一部分，在厂界不变的条件下，在原厂界监测点上进行监测，得出扩、改项目对原企业厂界噪声的叠加值。

扩、改项目占企业的一部分，在厂界改变的条件下，除在未变厂界外噪声测点进行监测，在改变的厂界外也应布点。

扩、改项目在原厂界内，但周围工厂的噪声已大于该竣工验收项目的厂界噪声值，这部分厂界噪声可以不布点测量。

（2）建筑施工场界噪声　建筑施工场界噪声测量：在建筑施工场地边界线上选择离敏感建筑或区域最近的点作为测点，并应在测量表中标出边界线与噪声敏感区域之间的距离。

小型中低层建筑的施工场界周围 100m 范围内有噪声敏感区的都应测施工场界噪声。

大型高层建筑的施工场界周围 150m 范围内有噪声敏感区的都应测施工场界噪声。

4.1.3.2 城市区域环境噪声监测

布点：将要普查测量的城市分成等距离网格（例如 500m×500m），测量点设在每个网格中心，若中心点的位置不宜测量（如房顶、污水沟、禁区等），可移到旁边能够测量的位置。网格数不应少于 100 个。

测量：测量时一般应选在无雨、无雪时（特殊情况除外），声级计应加风罩以避免风噪声干扰，同时也应保持传声器清洁。四级以上大风应停止测量。

声级计可以手持或固定在三角架上。传声器离地面高 1.2m。放在车内的，要求传声器伸出车外一定距离，尽量避免车体反射的影响，与地面距离仍保持 1.2m。如固定在车顶上要加以注明，手持声级计应使人体与传声器距离 0.5m 以上。

测量时间：分为白天（6：00～22：00）和夜间（22：00～6：00）两部分。白天测量一般选在 8：00～12：00 时或 14：00～18：00 时，夜间一般选在 22：00～5：00 时，随地区和季节不同，上述时间可稍作更改。

评价方法：①数据平均法，将全部网点测得的连续等效 A 声级做算术平均运算，所得到的算术平均值就代表某一区域或全市的总噪声水平；②图示法，即用区域噪声污染图表示，为了便于绘图，将全市各测点的测量结果以 5dB 为一等级，划分为若干等级（如 56～60dB，61～65dB，66～70dB…分别为一个等级），然后用不同的颜色或阴影线表示每一等级，绘制在城市区域的网格上，用于表示城市区域的噪声污染分布。

4.1.3.3 工业企业噪声监测

对于工业企业内噪声测点选择的原则主要包括：①若车间内各处 A 声级波动小于 3dB，则只需在车间选 1～3 个测点；②若车间内各处声级波动大于 3dB，则应按声级大小，将车间分成若干区域，任意两区域的声级应大于或等于 3dB，而每个区域内的声级波动必须小于 3dB，每个区域取 1～3 个测点。这些区域必须包括所有工人为观察或管理生产过程而经常工作、活动的地点和范围。如为稳态噪声则测量 A 声级，记为 dB(A)，如为不稳态噪声，测量连续等效 A 声级或测量不同 A 声级下的暴露时间，计算连续等效 A 声级。测量时使用慢挡，取平均读数。

测量时要注意减少环境因素对测量结果的影响，如应注意避免或减少气流、电磁场、温度和湿度等因素对测量结果的影响。

4.2 实验项目

4.2.1 常规环境监测实验

实验一 废水悬浮固体的测定

水中固体是指在一定温度下，将水样蒸干所剩余的固体物质，也称为残渣。

一、实验目的

1. 掌握废水悬浮固体的基本概念及基本测量原理。
2. 掌握悬浮固体的测量方法。

二、实验原理

废水悬浮固体是指不能通过孔径为 $0.45\mu m$ 滤膜的固体物质。用 $0.45\mu m$ 滤膜过滤水样，经 $103\sim105℃$ 烘干后得到不可过滤固体的含量。

三、试剂与仪器

1. 蒸馏水或同等纯度的水。
2. 全玻璃或有机玻璃微孔过滤器。
3. 滤膜，孔径 $0.45\mu m$，直径 $45\sim60mm$。
4. 无齿镊子。
5. 称量瓶，内径 $30\sim50mm$。

四、采样及样品处储存

1. 采样：所用聚乙烯瓶或玻璃瓶要用洗涤剂洗净，再依次用自来水和蒸馏水冲洗干净。在采样之前，再用即将采集的水样清洗三次。然后采集具有代表性的水样 $500\sim1000mL$，盖严瓶盖。

2. 样品储存：采集的水样应尽快分析测定。如需放置，应储存在 $4℃$ 冷藏箱中，但最长不能超过 $7d$。

五、测定步骤

1. 滤膜准备：用扁嘴无齿镊子夹取滤膜放置于事先恒重的称量瓶里，移入烘箱中 $103\sim105℃$ 烘干 $0.5h$ 后取出置于干燥器内冷却至室温，称其质量。反复烘干，冷却，称量，直至两次称量的质量差 $\leqslant0.2mg$。将恒重的滤膜正确地放在滤膜过滤器的滤膜托盘上，加盖配套的漏斗，并用夹子固定好。以蒸馏水润湿滤膜，并不断吸滤。

2. 量取充分混合均匀的水样 $100mg$ 抽吸过滤，使水分全部通过滤膜，再以每次 $10mL$ 蒸馏水连续洗涤三次，继续吸滤以除去痕量水分。停止吸滤后，仔细取出载有悬浮物的滤膜放在恒重的称量瓶里，移入烘箱中于 $103\sim105℃$ 下烘干 $1h$ 后移入干燥器中，使之冷却到室温，称其质量。反复烘干，冷却，称重，直至两次称量的质量差 $\leqslant0.4mg$ 为止。

六、结果计算

$$悬浮固体(mg/L) = \frac{(A-B)\times1000\times1000}{V}$$

式中　A——悬浮物＋滤膜＋称量瓶质量，g；

　　　B——滤膜＋称量瓶重，g；

　　　V——水样体积，mL。

七、实验记录

第_____小组；姓名_____；实验日期_____；
原水温度_____℃；pH_____。

悬浮固体/(mg/L)					
	1				
	2				
	3				
	平均				

实验二　重铬酸钾法测定化学需氧量

一、实验目的和要求

1. 掌握重铬酸钾法测定化学需氧量的原理、技术和操作方法。
2. 了解水中有机污染物综合指标的含义。

二、实验原理

在强酸性溶液中，准确加入过量的重铬酸钾标准溶液，加热回流，将水样中还原性物质（主要是有机物）氧化，过量的重铬酸钾以试亚铁灵作指示剂，用硫酸亚铁铵标准溶液回滴，根据所消耗的重铬酸钾标准溶液量计算水样化学需氧量。

方法的适用范围：用 0.2500mol/L 浓度的重铬酸钾溶液可测大于 50mg/L 的 COD 值，未经稀释水样的测值上限是 700mg/L。用 0.025mol/L 浓度的重铬酸钾可测定 5～50mg/L 的 COD 值，但低于 10mg/L 时测量准确度较差。

三、实验仪器和材料

1. 实验仪器

（1）250mL 全玻璃回流装置。

（2）节能 COD 恒温加热器。

（3）25mL 或 50mL 酸式滴定管、锥形瓶、移液管、容量瓶等。

2. 实验试剂

（1）重铬酸钾标准溶液（$c_{\frac{1}{6}K_2Cr_2O_7} = 0.2500mol/L$）：称取预先在 120℃烘干 2h 的基准或优级纯重铬酸钾 12.258g 溶于水中，移入 1000mL 容量瓶，稀释至标线，摇匀。

（2）试亚铁灵指示液：称取 1.485g 邻菲啰啉（$C_{12}H_8N_2 \cdot H_2O$）、0.695g 硫酸亚铁（$FeSO_4 \cdot 7H_2O$）溶于水中，稀释至 100mL，储于棕色瓶内。

（3）硫酸亚铁铵标准溶液：称取 39.5g 硫酸亚铁铵溶于水中，边搅拌边缓慢加入 20mL 浓硫酸，冷却后移入 1000mL 容量瓶中，加水稀释至标线，摇匀。临用前，用重铬酸钾标准溶液标定。

标定方法：准确吸取 10.00mL 重铬酸钾标准溶液于 500mL 锥形瓶中，加水稀释至 110mL 左右，缓慢加入 30mL 浓硫酸，混匀。冷却后，加入 3 滴试亚铁灵指示液（约 0.15mL），用硫酸亚铁铵溶液滴定，溶液的颜色由黄色经蓝绿色至红褐色即为终点。

$$c = \frac{0.2500 \times 10.00}{V}$$

式中　c——硫酸亚铁铵标准溶液的浓度，mol/L；

　　　V——硫酸亚铁铵标准溶液的用量，mL。

（4）硫酸-硫酸银溶液：于 2500mL 浓硫酸中加入 25g 硫酸银，放置 1～2d，不时摇动使其溶解。

（5）硫酸汞：结晶或粉末。

四、测定步骤

1. 取 20.00mL 混合均匀的水样（或适量水样稀释至 20.00mL）置于 250mL 磨口的回流锥形瓶中，准确加入 10.00mL 重铬酸钾标准溶液及数粒小玻璃珠或沸石，连接冷凝管，慢慢地加入 30mL 硫酸-硫酸银溶液，轻轻摇动使溶液混匀，加热回流 2h。

注意：对于化学需氧量高的废水样，可先取上述操作所需体积 1/10 废水样和试剂于回流锥形瓶中，摇匀，加热后观察是否呈绿色。如溶液呈绿色，再适当减少废水取样量，直至溶液不变绿色为止，从而确定废水样分析时应取用的体积。稀释时，所取废水样量不得少于 5mL，如果化学需氧量很高，则废水样应多次稀释。废水中氯离子含量超过 30mg/L 时，应先把 0.4g 硫酸汞加入回流锥形瓶中，再加 20.00mL 废水（或适量废水稀释至 20.00mL），摇匀。

2. 冷却后，用 90mL 水冲洗冷凝管壁，溶液总体积不得少于 140mL，否则会因酸度太大，使滴定终点不明显。

3. 溶液再度冷却后，加 3 滴试亚铁灵指示液，用硫酸亚铁铵标准溶液滴定，溶液的颜色由黄色经蓝绿色至红褐色即为终点，记录硫酸亚铁铵标准溶液的用量。

4. 测定水样的同时，取 20.00mL 重蒸馏水，按同样操作步骤作空白实验。记录滴定空白时硫酸亚铁铵标准溶液的用量。

五、实验结果计算

$$\text{COD}_{\text{Cr}}(\text{O}_2, \text{mg/L}) = \frac{(V_0 - V_1) \times c \times 8 \times 1000}{V}$$

式中　c——硫酸亚铁铵标准溶液的浓度，mol/L；

　　　V_0——滴定空白时硫酸亚铁铵标准溶液用量，mL；

　　　V_1——滴定水样时硫酸亚铁铵标准溶液的用量，mL；

　　　V——水样的体积，mL；

　　　8——氧（$\frac{1}{2}\text{O}_2$）摩尔质量，g/mol。

六、注意事项

1. 使用 0.4g 硫酸汞络合氯离子的最高量可达 40mg，如取用 20.00mL 水样，即最高可络合 2000mg/L 氯离子浓度的水样。若氯离子的浓度较低，也可少加硫酸汞，保持硫酸汞：氯离子为 10:1。若出现少量氯化汞沉淀，并不影响测定。

2. 水样取用体积可在 10.00～50.00mL 范围内，但试剂用量及浓度需按表 4-5 进行相应调整。

表 4-5　水样取用量和试剂用量表

水样体积 /mL	0.2500mol/L 重铬酸钾/mL	硫酸-硫酸银 溶液/mL	硫酸/g	硫酸亚铁铵 /(mol/L)	滴定前总 体积/mL
10.00	5.00	15	0.2	0.050	70
20.00	10.00	30	0.4	0.100	140
30.00	15.00	45	0.6	0.150	210
40.00	20.00	60	0.8	0.200	280
50.00	25.00	75	1.0	0.250	350

3. 对于化学需氧量小于 50mg/L 的水样，应改用 0.0250mol/L 重铬酸钾标准溶液。回滴时用 0.010mol/L 硫酸亚铁铵标准溶液。

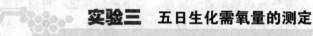

实验三　五日生化需氧量的测定

生化需氧量（BOD）是指在规定的条件下，微生物分解水中某些可氧化物质（主要是有机物）的生物化学过程中消耗溶解氧的量，用以间接表示水中可被微生物降解的有机类物质的含量，是反映有机物污染的重要类别指标之一。

一、实验目的和要求

1. 掌握用稀释接种法测定 BOD_5 的基本原理和操作技能。

2. 了解影响五日生化需氧量（BOD_5）测量的影响因素。

二、实验原理

取一定量水样或稀释水样，在 (20±1)℃培养 5d，分别测定水样培养前、后的溶解氧，二者之差为 BOD_5 值，以 mg/L 表示。

本方法适用范围：测定 BOD_5 大于或等于 2mg/L，最大不超过 6000mg/L 的水样。当水样 BOD_5 大于 6000mg/L，会因稀释带来一定的误差。

三、仪器

1. 恒温培养箱。

2. 5～20L 细口玻璃瓶。

3. 1000～2000mL 量筒。

4. 玻璃搅拌棒：棒长应比所用量筒高度长 200mm，棒的底端固定一个直径比量筒直径略小，并有几个小孔的硬橡胶板。

5. 溶解氧瓶：250～300mL，带有磨口玻璃塞，并具有供水封用的钟形口。

6. 虹吸管：供分取水样和添加稀释水用。

四、试剂

1. 磷酸盐缓冲溶液：将 8.5g 磷酸二氢钾（KH_2PO_4）、21.75g 磷酸氢二钾（K_2HPO_4）、33.4g 磷酸氢二钠（$Na_2HPO_4 \cdot 7H_2O$）和 1.7g 氯化铵（NH_4Cl）溶于水中，稀释至 1000mL。

2. 硫酸镁溶液：将 22.5g 七水合硫酸镁（$MgSO_4 \cdot 7H_2O$）溶于水中，稀释至 1000mL。

3. 氯化钙溶液：将 27.5g 无水氯化钙溶于水中，稀释至 1000mL。

4. 氯化铁溶液：将 0.25g 六水合氯化铁（$FeCl_3 \cdot 6H_2O$）溶于水中，稀释至 1000mL。

5. 盐酸溶液（0.5mol/L）：将 40mL（$\rho=1.18g/mL$）盐酸溶于水，稀释至 1000mL。

6. 氢氧化钠溶液（0.5mol/L）：将 20g 氢氧化钠溶于水，稀释至 1000mL。

7. 亚硫酸钠溶液（$c_{\frac{1}{2}Na_2SO_3} = 0.025mol/L$）：将 1.575g 亚硫酸钠溶于水，稀释至 1000mL。此溶液不稳定，需每天配制。

8. 葡萄糖-谷氨酸标准溶液：将葡萄糖（$C_6H_{12}O_6$）和谷氨酸（$HOOC—CH_2—CH_2—CHNH_2—COOH$）在 103℃ 干燥 1h 后，各称取 150mg 溶于水中，移入 1000mL 容量瓶内并稀释至标线，混合均匀。此标准溶液临用前配制。

9. 稀释水：在 5～20L 玻璃瓶内装入一定量的水，控制水温在 20℃ 左右。然后用无油空气压缩机或薄膜泵，将此水曝气 2～8h，使水中的溶解氧接近于饱和，也可以鼓入适量纯氧。瓶口盖以两层经洗涤晾干的纱布，置于 20℃ 培养箱中放置数小时，使水中溶解氧含量达 8mg/L 左右。临用前于每升水中加入氯化钙溶液、氯化铁溶液、硫酸镁溶液、磷酸盐缓冲溶液各 1mL，并混合均匀。稀释水的 pH 值应为 7.2，其 BOD_5 应小于 0.2mg/L。

10. 接种液：可选用以下任一方法获得适用的接种液。

（1）城市污水，一般采用生活污水，在室温下放置一昼夜，取上层清液供用。

（2）表层土壤浸出液，取 100g 花园土壤或植物生长土壤，加入 1L 水，混合并静置 10min，取上清溶液供用。

（3）用含城市污水的河水或湖水。

（4）污水处理厂的出水。

（5）当分析含有难于降解物质的废水时，在排污口下游 3～8km 处取水样作为废水的驯化接种液。如无此种水源，可取中和或经适当稀释后的废水进行连续曝气，每天加入少量该种废水，同时加入适量表层土壤或生活污水，使能适应该种废水的微生物大量繁殖。当水中出现大量絮状物，或检查其化学需氧量的降低值出现突变时，表明适用的微生物已进行繁殖，可用做接种液。一般驯化过程需要 3～8d。

11. 接种稀释水：取适量接种液，加于稀释水中，混匀。每升稀释水中接种液加入量为：生活污水 1～10mL；表层土壤浸出液为 20～30mL；河水、湖水为 10～100mL。接种稀释水的 pH 值应为 7.2，BOD_5 值以在 0.3～1.0mg/L 之间为宜。接种稀释水配制后应立即使用。

五、测定步骤

1. 水样的预处理

（1）水样的 pH 值若超出 6.5～7.5 范围时，可用盐酸或氢氧化钠稀溶液调节至近于 7，但用量不要超过水样体积的 0.5%。

（2）水样中含有铜、铅、锌、镉、铬、砷、氰等有毒物质时，可使用经驯化的微生物接种液的稀释水进行稀释，或提高稀释倍数，降低毒物的浓度。

（3）含有少量游离氯的水样，一般放置 1～2h，游离氯即可消失。对于游离氯在短时间不能消散的水样，可加入亚硫酸钠溶液，以除去之。

（4）从水温较低的水域或富营养化的湖泊采集的水样，可遇到含有过饱和溶解氧，此时应将水样迅速升温至 20℃左右，充分振摇，以赶出过饱和的溶解氧。从水温较高的水域废水排放口取得的水样，则应迅速使其冷却至 20℃左右，并充分振摇，使与空气中氧分压接近平衡。

2. 水样的测定

（1）不经稀释水样的测定：溶解氧含量较高、有机物含量较少的地面水，可不经稀释，而直接以虹吸法将约 20℃的混匀水样转移至两个溶解氧瓶内，转移过程中应注意不使其产生气泡。以同样的操作使两个溶解氧瓶充满水样后溢出少许，加塞水封。瓶不应有气泡。立即测定其中一瓶溶解氧。将另一瓶放入培养箱中，在（20±1）℃培养 5d 后。测其溶解氧。

（2）需经稀释水样的测定：根据实践经验，稀释倍数用下述方法计算：地表水由测得的高锰酸盐指数乘以适当的系数求得（见表 4-6）。

表 4-6　地表水稀释倍数的确定

高锰酸盐指数/(mg/L)	系　　数
<5	—
5～10	0.2, 0.3
10～20	0.4, 0.6
>20	0.5, 0.7, 1.0

工业废水可由重铬酸钾法测得的 COD 值确定，通常需三个稀释倍数，即使用稀释水时，由 COD 值分别乘以系数 0.075、0.15、0.225，即获得三个稀释倍数；使用接种稀释水时，则分别乘以 0.075、0.15 和 0.25，获得三个稀释倍数。

稀释倍数确定后按下法之一测定水样。

① 一般稀释法：按照选定的稀释倍数，用虹吸法沿筒壁先引入部分稀释水（或接种稀释水）于 1000mL 量筒中，加入需要量的均匀水样，再引入稀释水（或接种稀释水）至 800mL，用带胶板的玻璃棒小心上下搅匀。搅拌时勿使搅棒的胶板露出水面，防止产生气泡。

按不经稀释水样的测定步骤，进行装瓶，测定当天溶解氧和培养 5d 后的溶解氧含量。

另取两个溶解氧瓶，用虹吸法装满稀释水（或接种稀释水）作为空白，分别测定 5d 前、后的溶解氧含量。

② 直接稀释法：直接稀释法是在溶解氧瓶内直接稀释。在已知两个容积相同（其差小于 1mL）的溶解氧瓶内，用虹吸法加入部分稀释水（或接种稀释水），再加入根据瓶容积和稀释倍数计算出的水样量，然后引入稀释水（或接种稀释水）至刚好充满，加塞，勿留气泡于瓶内。其余操作与上述一般稀释法相同。

在 BOD_5 测定中，一般采用叠氮化钠修正法测定溶解氧。如遇干扰物质，应根据具体情况采用其他测定法。

六、BOD₅ 计算

不经稀释直接培养的水样：

$$BOD_5(mg/L) = c_1 - c_2$$

式中　c_1——水样在培养前的溶解氧浓度，mg/L；

　　　c_2——水样经 5d 培养后，剩余溶解氧浓度，mg/L。

经稀释后培养的水样：

$$BOD_5(mg/L) = \frac{(c_1 - c_2) - (B_1 - B_2)f_1}{f_2}$$

式中　B_1——稀释水（或接种稀释水）在培养前的溶解氧浓度，mg/L；

　　　B_2——稀释水（或接种稀释水）在培养后的溶解氧浓度，mg/L；

　　　f_1——稀释水（或接种稀释水）在培养液中所占比例；

　　　f_2——水样在培养液中所占比例。

七、注意事项

1. 水中有机物的生物氧化过程分为碳化阶段和硝化阶段，测定一般水样的 BOD₅ 时，硝化阶段不明显或根本不发生，但对于生物处理池的出水，因其中含有大量硝化细菌，因此，在测定 BOD₅ 时也包括了部分含氮化合物的需氧量。对于这种水样，如只需测定有机物的需氧量，应加入硝化抑制剂，如丙烯基硫脲等。

2. 在有 2 个或 3 个稀释倍数的样品中，凡消耗溶解氧大于 2mg/L 和剩余溶解氧大于 1mg/L 都有效，计算结果时，应取平均值。

3. 为检查稀释水和接种液的质量，以及化验人员的操作技术，可将 20mL 葡萄糖-谷氨酸标准溶液用接种稀释水稀释至 1000mL，测其 BOD₅，其结果应在 180～230mg/L 之间。否则，应检查接种液、稀释水或操作技术是否存在问题。

 **实验四　水中石油类物质的测定**

水中石油类物质主要来自于石油的开采、加工、运输等行业，重量法是常用的分析方法，它不受油品种限制。但其操作繁杂，灵敏度低，只适于测定含油 10mg/L 以上的水样，测定的精密度随操作条件和熟练程度的不同差别很大。

一、实验目的

1. 掌握污水和废水中油的测定方法，以及适用范围。

2. 掌握重量法测定水中石油类物质含量的原理和步骤。

二、实验原理

以硫酸酸化水样，用石油醚萃取矿物油，蒸除石油醚后，称其质量，萃取体系前后质量之差为水样中石油类物质的含量。

三、实验仪器和试剂

1. 实验仪器

（1）分析天平。

（2）恒温箱。

（3）恒温水浴锅。

（4）1000mL 分液漏斗。

（5）干燥器。

（6）直径 11cm 中速定性滤纸。

2. 试剂

（1）石油醚：将石油醚（沸程 30～60℃）重蒸馏后使用。每 100mL 石油醚的蒸干残渣不应大于 0.2mg。

（2）无水硫酸钠：在 300℃马福炉中烘 1h，冷却后装瓶备用。

（3）（1+1）硫酸：将浓硫酸溶液缓缓倒入同体积水中。

（4）氯化钠。

四、测定步骤

① 在采集瓶上作一容量记号后（以便以后测量水样体积），将所收集的大约 1L 已经酸化（pH<2）的水样，全部转移至分液漏斗中，加入氯化钠，其量约为水样量的 8%。用 25mL 石油醚洗涤采样瓶并转入分液漏斗中，充分摇匀 3min，静置分层并将水层放入原采样瓶内，石油醚层转入 100mL 锥形瓶中。用石油醚重复萃取水样两次，每次用量 25mL，合并三次萃取液于锥形瓶中。

② 向石油醚萃取液中加入适量无水硫酸钠（加入至不再结块为止），加盖后，放置 0.5h 以上，以便脱水。

③ 用预先以石油醚洗涤过的定性滤纸过滤，收集滤液于 100mL 已烘干至恒重的烧杯中，用少量石油醚洗涤锥形瓶、硫酸钠和滤纸，洗涤液并入烧杯中。

④ 将烧杯置于（65±5）℃水浴上，蒸出石油醚。近干后再置于（65±5）℃恒温箱内烘干 1h，然后放入干燥器中冷却 30min，称量。

五、计算

水中石油类物质的含量可通过下式进行计算：

$$c = \frac{(m_1 - m_2) \times 10^{-6}}{V}$$

式中　c——水中石油类物质的含量，mg/L；

　　　m_1——烧杯与石油类物质总质量，g；

　　　m_2——烧杯质量，g；

　　　V——水样体积，mL。

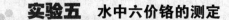

实验五　水中六价铬的测定

一、实验目的

1. 掌握用分光光度法测定六价铬的原理。
2. 熟练应用分光光度计测定水中六价铬的步骤。

二、实验原理

在酸性溶液中，六价铬离子与二苯碳酰二肼反应，生成紫红色化合物，其最大吸收波长为540nm，吸光度与浓度的关系符合比尔定律，通过测定液体吸光度测得水中六价铬的含量。

三、实验仪器和试剂

1. 实验仪器

（1）分光光度计、比色皿（1cm、3cm）。

（2）50mL 具塞比色管、移液管、容量瓶等。

2. 试剂

（1）丙酮。

（2）（1+1）硫酸。

（3）（1+1）磷酸。

（4）2％氢氧化钠溶液。

（5）氢氧化锌共沉淀剂：称取硫酸锌（$ZnSO_4 \cdot 7H_2O$）8g，溶于 100mL 水中；称取氢氧化钠 2.4g，溶于 120mL 水中。将以上两溶液混合。

（6）4％高锰酸钾溶液。

（7）铬标准储备液：称取于 120℃干燥 2h 的重铬酸钾（优级纯）0.2829g，用水溶解，移入 1000mL 容量瓶中，用水稀释至标线，摇匀。每毫升储备液含 0.100μg 六价铬。

（8）铬标准使用液：吸取 5.00mL 铬标准储备液于 500mL 容量瓶中，用水稀释至标线，摇匀。每毫升标准使用液含 1.00μg 六价铬。使用当天配制。

（9）20％尿素溶液：将尿素 20g 溶于水并稀释至 100mL。

（10）2％亚硝酸钠溶液：将亚硝酸钠 2g 溶于水并稀释至 100mL。

（11）二苯碳酰二肼溶液：称取二苯碳酰二肼（DPC）0.2g，溶于 50mL 丙酮中，加水稀释至 100mL，摇匀，储于棕色瓶内，置于冰箱中保存。颜色变深后不能再用。

四、测定步骤

1. 水样预处理

（1）对不含悬浮物、低色度的清洁地面水，可直接进行测定。

（2）如果水样有色但不深，可进行色度校正。即另取一份试样，加入除显色剂以外的各种试剂，以 2mL 丙酮代替显色剂，用此溶液为测定试样溶液吸光度的参比溶液。

（3）对浑浊、色度较深的水样需预处理。取适量水样（含六价铬少于 $100\mu g$）置于 150mL 烧杯中，加水至 50mL，滴加 0.2% 氢氧化钠溶液，调节溶液 pH 值为 $7\sim8$，并在不断搅拌下，滴加氢氧化锌共沉淀剂至溶液 pH 值为 $8\sim9$。将此溶液转移到 100mL 容量瓶中，用水稀释至标线。用慢速滤纸干过滤，弃去 $10\sim20$mL 初溶液，取其中 50.0mL 溶液供测定。

（4）水样中存在次氯酸盐等氧化性物质时，干扰测定，可加入尿素和亚硝酸钠消除。取适量水样（含六价铬少于 $100\mu g$）置于 50mL 比色管中，用水稀释至标线，加入（1+1）硫酸溶液 0.5mL、（1+1）磷酸溶液 0.5mL、尿素溶液 1.0mL，摇匀。逐滴加入 1mL 亚硝酸钠溶液，边加边摇，以除去过量的亚硝酸钠与尿素反应生成的气泡，待气泡除尽后，以下步骤同样品测定（免去加硫酸溶液和磷酸溶液）。

（5）水样中存在低价铁、亚硫酸盐、硫化物等还原性物质时，可将 Cr^{6+} 还原为 Cr^{3+}，此时，调节水样 pH 值至 8，加入显色剂溶液，放置 5min 后再酸化显色，并以同法作标准曲线。

2. 标准曲线的绘制：取 9 支 50mL 比色管，依次加入 0mL、0.20mL、0.50mL、1.00mL、2.00mL、4.00mL、6.00mL、8.00mL 和 10.00mL 铬标准使用液，用水稀释至标线，加入（1+1）硫酸 0.5mL 和（1+1）磷酸 0.5mL，摇匀。加入 2mL 显色剂溶液，摇匀。$5\sim10$min 后，于 540nm 波长处，用 1cm 或 3cm 比色皿，以水为参比测定吸光度并作空白校正。以吸光度为纵坐标，相应六价铬含量为横坐标绘出标准曲线。

3. 水样的测定：取适量（含 Cr^{6+} 少于 $50\mu g$）无色透明或经预处理的水样于 50mL 比色管中，用水稀释至标线，测定方法同标准溶液，进行空白校正。

后根据所测吸光度从标准曲线上查得 Cr^{6+} 含量。

五、计算

水中六价铬的含量可由下式进行计算：

$$六价铬（Cr, mg/L） = \frac{m}{V}$$

式中　m——由标准曲线查得的六价铬量，mg；

　　　V——水样的体积，L。

实验六　挥发酚类的测定

挥发酚类通常指沸点在 230℃ 以下的酚类，属一元酚，是高毒物质。测定挥发酚的方法有 4-氨基安替比林分光光度法、溴化滴定法、气相色谱法等。目前 4-氨基安替比林分光光度法是测定挥发酚类较为常用的方法。

一、实验目的

1. 了解 4-氨基安替比林分光光度法测试挥发酚的基本原理。

2. 掌握水中挥发酚的测试步骤。

二、实验原理

酚类化合物于 pH10.0±0.2 介质中，在铁氰化钾存在下，与 4-氨基安替比林反应，生成橙红色的吲哚酚安替比林染料，其水溶液在 510nm 波长处有最大吸收。

用光程长为 20mm 比色皿测量时，酚的最低检出浓度为 0.1mg/L。

三、实验仪器和试剂

1. 实验仪器

(1) 500mL 全玻璃蒸馏器。

(2) 分光光度计。

2. 试剂

(1) 苯酚标准储备液：称取 1.00g 无色苯酚（C_6H_5OH）溶于水，移入 1000mL 容量瓶中，稀释至标线。至冰箱内保存，至少稳定一个月。

标定方法：

① 吸 10.00mL 苯酚标准储备液于 250mL 碘量瓶中，加水稀释至 100mL，加 10.0mL 0.1mol/L 溴酸钾-溴化钾溶液，立即加入 5mL 盐酸，盖好瓶塞，轻轻摇匀，于暗处放置 10min。加入 1g 碘化钾，密塞，再轻轻摇匀，放置暗处 5min。用 0.0125mol/L 硫代硫酸钠标准溶液滴定至淡黄色，加入 1mL 淀粉溶液，继续滴定至蓝色刚好褪去，记录用量。

② 同时以水代替苯酚标准储备液作空白实验，记录硫代硫酸钠标准滴定溶液用量。

③ 苯酚标准储备液浓度由下式计算：

$$苯酚(mg/mL) = \frac{(V_1 - V_2) \times c \times 15.68}{V}$$

式中　V_1——空白实验中硫代硫酸钠标准溶液用量，mL；

　　　V_2——滴定苯酚标准储备液时，硫代硫酸钠标准溶液用量，mL；

　　　V——取用苯酚标准储备液体积，mL；

　　　c——硫代硫酸钠标准滴定溶液浓度，mol/L；

　　　15.68——$\frac{1}{6}C_6H_5OH$ 摩尔质量，g/mol。

(2) 苯酚标准中间液：取适量苯酚储备液，用水稀释至每毫升含 0.010mg 苯酚。使用时当天配制。

(3) 溴酸钾-溴化钾标准参考溶液（$c_{\frac{1}{6}KBrO_6} = 0.1mol/L$）：称取 2.784g 溴酸钾（$KBrO_3$）溶于水，加入 10g 溴化钾（$KBr$），使其溶解，移入 1000mL 容量瓶中，稀释至标线。

(4) 碘酸钾标准参考溶液（$c_{\frac{1}{6}KIO_3} = 0.0250mol/L$）：称取预先经 180℃烘干的碘酸钾 0.8917g 溶于水，移入 1000mL 容量瓶中，稀释至标线。

(5) 硫代硫酸钠标准溶液（$c_{NaS_2O_3 \cdot 5H_2O} \approx 0.0125mol/L$）：称取 6.2g 硫代硫酸钠溶于煮沸放冷的水中，加入 0.2g 碳酸钠，稀释至 1000mL，临用前，用碘酸钾标准参考溶液标定。

标定方法：取 10.00mL 碘酸钾标准参考溶液置于 250mL 碘量瓶中，加水稀释至 100mL，加 1g 碘化钾，再加 5mL(1+5) 硫酸，加塞，轻轻摇匀。置暗处放置 5min，用硫代硫酸钠标准溶液滴定至淡黄色，加 1mL 淀粉溶液，继续滴定至蓝色刚褪去为止，记录硫代硫酸钠标准溶液用量。按下式计算硫代硫酸钠标准溶液浓度。

$$c_{Na_2S_2O_3 \cdot 5H_2O} = \frac{V_4 \times 0.0250}{V_3}$$

式中　V_3——硫代硫酸钠标准溶液消耗量，mL；

　　　V_4——移取碘酸钾标准参考溶液量，mL；

　0.0250——碘酸钾标准参考溶液浓度，mol/L。

（6）淀粉溶液：称取 1g 可溶性淀粉，用少量水调成糊状，加沸水至 100mL，冷却后，置冰箱内保存。

（7）缓冲溶液（pH 约为 10）：称取 20g 氯化铵（NH_4Cl）溶于 100mL 氨水中，加塞，置冰箱中保存。

注意：应避免氨挥发所引起 pH 值的改变，注意在低温下保存和取用后立即加塞盖严，并根据使用情况适量配制。

（8）2%4-氨基安替比林溶液：称取 4-氨基安替比林 2g 溶于水，稀释至 100mL，置于冰箱中保存，可使用一周。

（9）8%铁氰化钾溶液：称取 8g 铁氰化钾溶于水，稀释至 100mL，置于冰箱内保存，可使用一周。

四、测定步骤

1. 水样预处理

（1）量取 250mL 水样置蒸馏瓶中，加数粒小玻璃珠以防暴沸，再加两滴甲基橙指示液，用磷酸溶液调节至 pH=4（溶液呈橙红色），加 5.0mL 硫酸铜溶液（如采样时已加过硫酸铜，则适量补加）。如加入硫酸铜溶液后产生较多量的黑色硫化铜沉淀，则应摇匀后放置片刻，待沉淀后，再滴加硫酸铜溶液，至不再产生沉淀为止。

（2）连接冷凝器，加热蒸馏，至蒸馏出约 225mL 时，停止加热，放冷。向蒸馏瓶中加入 25mL 水，继续蒸馏至馏出液为 250mL 为止。蒸馏过程中，如发现甲基橙的红色褪去，应在蒸馏结束后，再加 1 滴甲基橙指示液。如发现蒸馏后残液不呈酸性，则应重新取样，增加磷酸加入量，进行蒸馏。

2. 标准曲线的绘制：于一组 8 支 50mL 比色管中，分别加入 0mL、0.50mL、1.00mL、3.00mL、5.00mL、7.00mL、10.00mL、12.50mL 苯酚标准中间液，加水至 50mL 标线。加 0.5mL 缓冲溶液，混匀，此时 pH 值为 10.0±0.2，加 4-氨基安替比林溶液 1.0mL，混匀。再加 1.0mL 铁氰化钾溶液，充分混匀后，放置 10min 立即于 510nm 波长，用光程为 20mm 比色皿，以水为参比，测量吸光度。经空白校正后，绘制吸光度对苯酚含量（mg）的标准曲线。

3. 水样的测定：分取适量的馏出液放入 50mL 比色管中，稀释至 50mL 标线。用与绘制标准曲线相同步骤测定吸光度，最后减去空白实验所得吸光度。

4. 空白实验：以水代替水样，经蒸馏后，按水样测定步骤进行测定，以其结果作为水样测定的空白校正值。

五、计算

$$挥发酚(以苯酚计,mg/L)=\frac{m}{V}$$

式中　m——由水样的校正吸光度从标准曲线上查得的苯酚含量，mg；

　　　V——移取馏出液体积，mL。

实验七　大气中总悬浮颗粒物的测定

一、实验目的

1. 了解大气中总悬浮颗粒物（TSP）的测定原理。
2. 掌握重量法测定大气中悬浮颗粒物的方法。

二、实验原理

目前测定空气中 TSP 含量广泛采用重量法，以恒速抽取定量体积的空气，使之通过采样器中已恒重的滤膜，则 TSP 被截留在滤膜上，根据采样前后滤膜重量之差及采气体积计算 TSP 的浓度。该方法分为大流量采样器法和中流量采样器法。本实验采用中流量采样器法。

三、实验仪器和材料

1. 中流量采样器。
2. 中流量孔口流量计：量程 70～160L/min。
3. U 形管压差计：最小刻度 10Pa。
4. 分析天平：称量范围≥10g，感量 0.1mg。
5. 恒温恒湿箱：箱内空气温度 15～30℃可调，控温精度±1℃；箱内空气相对湿度控制在（50±5）％。
6. 玻璃纤维滤膜。
7. 镊子、滤膜袋（或盒）。

四、测定步骤

1. 用孔口流量计校正采样器的流量。
2. 滤膜准备：首先用 X 射线看片机检查滤膜是否有针孔或其他缺陷，然后放在恒温恒湿箱中于 15～30℃任一点平衡 24h，并在此平衡条件下称重（精确到 0.1mg），记下平衡温度和滤膜质量，将其平放在滤膜袋或盒内。
3. 采样：取出称过的滤膜平放在采样器采样头内的滤膜支持网上（绒面向上），用滤膜夹夹紧。以 100L/min 流量采样 1h，记录采样流量和现场的温度及大气压。用镊子轻轻取出滤膜，绒面向里对折，放入滤膜袋内。

4. 称量和计算：将采样滤膜在与空白滤膜相同的平衡条件下平衡 24h 后，用分析天平称量（精确到 0.1mg），记下质量（增量不应小于 10mg），按下式计算 TSP 含量：

$$TSP 含量(\mu g/m^3) = \frac{(W_1 - W_0) \times 10^9}{QT}$$

式中　W_1——采样后的滤膜质量，g；

　　　W_0——空白滤膜的质量，g；

　　　Q——采样器平均采样流量，L/min；

　　　T——采样时间，min。

实验八　大气中二氧化硫的测定

一、实验目的

1. 掌握大气中二氧化硫的测定方法。
2. 掌握二氧化硫测试的基本步骤。

二、四氯汞盐吸收-盐酸副玫瑰苯胺分光光度法原理

空气中的二氧化硫被四氯汞钾溶液吸收后，生成稳定的二氯亚硫酸盐络合物，此络合物再与甲醛及盐酸副玫瑰苯胺发生反应，生成紫红色的络合物，据其颜色深浅，用分光光度法测定。按照所用的盐酸副玫瑰苯胺使用液含磷酸多少，分为两种操作方法。一种是含磷酸量少，最后溶液的 pH 值为 1.6±0.1，呈红紫色，最大吸收峰在 548nm 处，方法灵敏度高，但试剂空白值高。另一种是含磷酸量多，最后溶液的 pH 值为 1.2±0.1，呈蓝紫色，最大吸收峰在 575nm 处，方法灵敏度较前者低，但试剂空白值低，是我国广泛采用的方法。

三、实验仪器和试剂

1. 实验仪器

（1）多孔玻板吸收管（用于短时间采样）；多孔玻板吸收瓶（用于 24h 采样）。

（2）空气采样器：流量 0～1L/min。

（3）分光光度计。

2. 试剂

（1）四氯汞钾吸收液（0.04mol/L）：称取 10.9g 氯化汞（$HgCl_2$）、6.0g 氯化钾和 0.07g 乙二胺四乙酸二钠盐，溶解于水，稀释至 1000mL。此溶液在密闭容器中储存，可稳定 6 个月。如发现有沉淀，不能再用。

（2）甲醛溶液（2.0g/L）：量取 36%～38% 甲醛溶液 1.1mL，用水稀释至 200mL，临用现配。

（3）氨基磺酸铵溶液（6.0g/L）：称取 0.60g 氨基磺酸铵（$H_2NSO_3NH_4$），溶解于 100mL 水中。临用现配。

（4）盐酸副玫瑰苯胺（PRA，即对品红）储备液（0.2%）：称取 0.20g 经提纯的盐酸副玫瑰苯胺，溶解于 100mL 1.0mol/L 的盐酸溶液中。

（5）盐酸副玫瑰苯胺使用液（0.016%）：吸取 0.2% 盐酸副玫瑰苯胺储备液 20.00mL 于 250mL 容量瓶中，加 3mol/L 磷酸溶液 200mL，用水稀释至标线。至少放置 24h 方可使用。存于暗处，可稳定 9 个月。

（6）磷酸溶液（$c_{H_3PO_4}$＝3mol/L）：量取 41mL 85% 的浓磷酸，用水稀释至 200mL。

（7）亚硫酸钠标准溶液：称取 0.20g 亚硫酸钠（Na_2SO_3）及 0.010g 乙二胺四乙酸二钠盐，将其溶解于 200mL 新煮沸并已冷却的水中，轻轻摇匀（避免振荡，以防充氧）。放置 2～3h 后标定。此溶液每毫升相当于含 320～400μg 二氧化硫，用碘量法标定出其准确浓度。准确量取适量亚硫酸盐标准溶液，用四氯汞钾溶液稀释成每毫升含 2.0μgSO_2 的标准使用溶液。

四、测定步骤

1. 标准曲线的绘制

取 8 支 10mL 具塞比色管，按表 4-7 所列参数和方法配制标准色列。

表 4-7 二氧化硫标准溶液配制表

加入溶液	比色管编号							
	0	1	2	3	4	5	6	7
2.0μg/mL 亚硫酸钠标准使用溶液/mL	0	0.60	1.00	1.40	1.60	1.80	2.20	2.70
四氯汞钾吸收液/mL	5.00	4.40	4.00	3.60	3.40	3.20	2.80	2.30
二氧化硫含量/μg	0	1.20	2.00	2.80	3.20	3.60	4.40	5.40

在以上各比色管中加入 6.0g/L 氨基磺酸铵溶液 0.50mL，摇匀。再加 2.0g/L 甲醛溶液 0.50mL 及 0.016% 盐酸副玫瑰苯胺使用液 1.50mL，摇匀。当室温为 15～20℃ 时，显色 30min；室温为 20～25℃ 时，显色 20min；室温为 25～30℃ 时，显色 15min。用 1cm 比色皿，于 575nm 波长处，以水为参比，测定吸光度，试剂空白值不应大于 0.050 吸光度。以吸光度（扣除试剂空白值）对二氧化硫含量（μg）绘制标准曲线。

2. 采样

量取 5mL 四氯汞钾吸收液于棕色多孔玻璃吸收管内，通过塑料管连接在采样器上，在各采样点以 0.5L/min 流量采气 10～20L。采样完毕，封闭进出口，带回实验室供测定。

3. 样品测定

将采样后的吸收液放置 20min 后，转入 10mL 比色管中，用少许水洗涤吸收管并转入比色管中，使其总体积为 5mL，再加入 0.50mL6g/L 的氨基磺酸铵溶液，摇匀，放置 10min，以消除 NO_x 的干扰。以下步骤同标准曲线的绘制。按下式计算空气中 SO_2 浓度（c）：

$$c(mg/m^3) = \frac{(A - A_0)B_s}{V_n}$$

式中 A——样品溶液的吸光度；

A_0——试剂空白溶液的吸光度；

B_s——计算因子，μg/吸光度；

V_n——换算成标准状况下的采样体积，L。

在测定每批样品时，至少要加入一个已知 SO_2 浓度的控制样品同时测定，以保证计算因子的可靠性。

五、注意事项

1. 温度对显色影响较大，温度越高，空白值越大。温度高时显色快，褪色也快，最好用恒温水浴控制显色温度。

2. 对品红试剂必须提纯后方可使用，否则，其中所含杂质会引起试剂空白值增高，使方法灵敏度降低。已有经提纯合格的 0.2%对品红溶液出售。

3. 六价铬能使紫红色络合物褪色，产生负干扰，故应避免用硫酸-铬酸洗液洗涤所用玻璃器皿，若已用此洗液洗过，则需用（1+1）盐酸溶液浸洗，再用水充分洗涤。

4. 用过的具塞比色管及比色皿应及时用酸洗涤，否则红色难于洗净。具塞比色管用（1+4）盐酸溶液洗涤，比色皿用（1+4）盐酸加 1/3 体积乙醇混合液洗涤。

5. 四氯汞钾溶液为剧毒试剂，使用时应小心，如溅到皮肤上，立即用水冲洗。使用过的废液要集中回收处理，以免污染环境。

实验九 大气中氮氧化物的测定

一、实验目的

1. 掌握大气中氮氧化物的测定原理。

2. 掌握 N-(1-萘基）乙二胺分光光度法测定大气中氮氧化物的基本方法。

二、实验原理

空气中的氮氧化物主要以 NO 和 NO_2 形态存在。测定时将 NO 氧化成 NO_2，用吸收液吸收后，首先生成亚硝酸和硝酸。其中，亚硝酸与对氨基苯磺酸发生重氮化反应，再与 N-(1-萘基）乙二胺盐酸盐作用，生成紫红色偶氮染料，根据颜色深浅比色定量。因为 NO_2（气）不是全部转化为 NO_2^-（液），故在计算结果时应除以转换系数（称为 Saltzman 实验系数，用标准气体通过实验测定）。

按照氧化 NO 所用氧化剂不同，分为酸性高锰酸钾溶液氧化法和三氧化铬-石英砂氧化法。本实验采用后一方法。

三、实验仪器和试剂

1. 实验仪器

(1) 三氧化铬-石英砂氧化管。

（2）多孔玻板吸收管（装 10mL 吸收液型）。

（3）便携式空气采样器：流量范围 0~1L/min。

（4）分光光度计。

2. 试剂

所用试剂除亚硝酸钠为优级纯（一级）外，其他均为分析纯。所用水为不含亚硝酸根的二次蒸馏水，用其配制的吸收液以水为参比的吸光度不超过 0.005（540nm，1cm 比色皿）。

（1）N-(1-萘基) 乙二胺盐酸盐储备液：称取 0.50g N-(1-萘基) 乙二胺盐酸盐 $[C_{10}H_7NH(CH_2)_2NH_2 \cdot 2HCl]$ 于 500mL 容量瓶中，用水稀释至刻度。此溶液储于密闭棕色瓶中冷藏，可稳定三个月。

（2）显色液：称取 5.0g 对氨基苯磺酸 $[NH_2C_6H_4SO_3H]$ 溶解于 200mL 热水中，冷至室温后转移至 1000mL 容量瓶中，加入 50.0mL N-(1-萘基) 乙二胺盐酸盐储备液和 50mL 冰乙酸，用水稀释至标线。此溶液储于密闭的棕色瓶中，25℃ 以下暗处存放可稳定三个月。若呈现淡红色，应弃之重配。

（3）吸收液：使用时将显色液和水按 4:1（体积比）比例混合而成。

（4）亚硝酸钠标准储备液：称取 0.3750g 优级纯亚硝酸钠（$NaNO_2$，预先在干燥器放置 24h）溶于水，移入 1000mL 容量瓶中，用水稀释至标线。此标液为每毫升含 250μgNO_2^-，储于棕色瓶中于暗处存放，可稳定三个月。

（5）亚硝酸钠标准使用溶液：吸取亚硝酸钠标准储备液 1.00mL 于 100mL 容量瓶中，用水稀释至标线。此溶液每毫升含 2.5μg NO_2^-，在临用前配制。

四、测定步骤

1. 标准曲线的绘制：取 6 支 10mL 具塞比色管，按表 4-8 的参数和方法配制 NO_2^- 标准溶液色列。

表 4-8　NO_2^- 标准溶液色列

管　　号	0	1	2	3	4	5
标准使用溶液/mL	0	0.40	0.80	1.20	1.60	2.00
水/mL	2.00	1.60	1.20	0.80	0.40	0
显色液/mL	8.00	8.00	8.00	8.00	8.00	8.00
NO_2^- 浓度/(μg/mL)	0	0.10	0.20	0.30	0.40	0.50

将各管溶液混匀，于暗处放置 20min（室温低于 20℃ 时放置 40min 以上），用 1cm 比色皿于波长 540nm 处以水为参比测量吸光度，扣除试剂空白溶液吸光度后，用最小二乘法计算标准曲线的回归方程。

2. 采样：吸取 10.0mL 吸收液于多孔玻板吸收管中，用尽量短的硅橡胶管将其串联在三氧化铬-石英砂氧化管和空气采样器之间，以 0.4mL/min 流量采气 4~24L。在采样的同时，应记录现场温度和大气压力。

3. 样品测定：采样后于暗处放置 20min（室温 20℃ 以下放置 40min 以上）后，用水将吸收管中吸收液的体积补充至标线，混匀，按照绘制标准曲线的方法和条件测量试剂空白溶液和样品溶液的吸光度，按下式计算空气中 NO_x 的浓度：

$$c_{NO_x} = \frac{(A - A_0 - a)V}{bfV_0}$$

式中　c_{NO_x}——空气中 NO_x 的浓度（以 NO_2 计），mg/m^3；

　　A，A_0——样品溶液和空白试剂溶液的吸光度；

　　b，a——标准曲线的斜率和截距；

　　　　V——采样用吸收液体积，mL；

　　　　V_0——换算为标准状况下的采样体积，L；

　　　　f——Saltzman 实验系数，0.88（空气中 NO_x 浓度超过 $0.720mg/m^3$ 时取 0.77）。

实验十　环境噪声监测

城市环境噪声监测包括：城市区域环境噪声监测、城市交通噪声监测、城市环境噪声长期监测和城市环境中扰民噪声源的调查测试等。

一、实验目的

1. 及时、准确地掌握城市噪声现状，分析其变化趋势和规律。
2. 了解各类噪声源的污染程度和范围。
3. 掌握声级计的使用方法。

二、测量仪器

基本测量仪器为精密声级计或普通声级计。

仪器使用前应按规定进行校准，检查电池电压，测量后要求复校一次，如有条件，可使用录音机、记录器等测量仪器或自动检测系统。

三、城市区域环境噪声监测

1. 布点：将要普查测量的城市分成等距离网格（例如 500m×500m），测量点设在每个网格中心，若中心点的位置不宜测量（如房顶、污水沟、禁区等），可移到旁边能够测量的位置。网格数不应少于 100 个。

2. 测量条件：测量时一般应选在无雨、无雪时（特殊情况除外），声级计应加风罩以避免风噪声干扰，同时也可保持传声器清洁。四级以上大风应停止测量。

声级计可以手持或固定在三角架上。传声器离地面高 1.2m。放在车内的，要求传声器伸出车外一定距离，尽量避免车体反射的影响，与地面距离仍保持 1.2m 左右。如固定在车顶上要加以注明，手持声级计应使人体与传声器距离 0.5m 以上。

3. 测量的量是一定时间间隔（通常为 5s）的 A 声级瞬时值，动态特性选择慢响应。

4. 测量时间：分为白天（6:00~22:00）和夜间（22:00~6:00）两部分。白天测量一般选在 8:00~12:00 时或 14:00~18:00 时，夜间一般选在 22:00~5:00 时，随地区和季节不同，上述时间可稍作更改。

5. 测点选择：测点选在受影响者居住或工作的建筑物外 1m 的噪声影响敏感处。传声器对准声源方向，附近应没有别的障碍物或反射体，无法避免时应背向反射体，应避免围观人群的干扰。测点附近有什么固定声源或交通噪声干扰时，应加以说明。

按上述规定在每一个测量点，连续读取 100 个数据（当噪声涨落较大时应取 200 个数据）代表该点的噪声分布，白天和夜间分别测量，测量的同时要判断和记录周围声学环境，如主要噪声来源等。

数据处理：由于环境噪声是随时间而起伏的非稳态噪声，因此测量数据一般用累计百分声级或等效连续 A 声级表示，即把测定数据代入有关公式，计算 L_{10}、L_{50}、L_{90}、L_{eq} 的算术平均值（L）和最大值及标准偏差，确定城市区域环境噪声污染情况。

6. 评价方法

（1）数据平均法：将全部网点测得的等效连续 A 声级做算术平均运算，所得到的算术平均值就代表某一区域或全市的总噪声水平。

（2）图示法：即用区域噪声污染图表示。为了便于绘图，将全市各测点的测量结果以 5dB 为一等级，划分为若干等级，然后用不同的颜色或阴影线表示每一等级，绘制在城市区域的网格上，用于表示城市区域的噪声污染分布。

四、城市交通噪声监测

1. 布点：在每两个交通路口之间的交通线上选择一个测点，测点设在马路边的人行道上，离马路 20cm，距路口的距离应大于 50m。长度小于 100m 的路段，测点选在路段中间。这样的点可代表两个路口之间的该段道路的交通噪声。

2. 测量：测量时应选在无雨、无雪的天气进行。测量时间同城市区域环境噪声要求一样，一般在白天正常工作时间内进行测量。每隔 5s 记一个瞬时 A 声级（慢响应），连续记录 200 个数据。测量的同时记录车流量（辆/h）。

3. 数据处理：测量结果一般用累计百分级和等效连续 A 声级来表示。将每个测点所测得的 200 个数据按从大到小顺序排列，第 20 个数据即为 L_{10}，第 100 个数据即为 L_{50}，第 180 个数据即为 L_{90}。经验证明城市交通噪声测量值基本符合正态分布，因此，可直接用近似公式计算等效连续 A 声级和标准偏差值。

$$L_{eq} \approx L_{50} + d^2/60$$
$$d = L_{10} - L_{90}$$

4. 评价方法

（1）数据平均法：若要对全市的交通干线的噪声进行比较和评价，必须把全市各干线测点对应的 L_{10}、L_{50}、L_{90}、L_{eq} 的各自平均值、最大值和标准偏差列出。平均值的计算公式是：

$$L = \frac{1}{l} \sum_{i=1}^{n} l_i L_i$$

式中　l——全市交通干线的总长度，$l = \sum_{i=1}^{n} l_i$，km；

　l_i——第 i 段交通干线的长度，km；

　L_i——第 i 段交通干线测得的等效连续 A 声级或累计百分声级，dB。

（2）图示法：即用噪声污染图表示。当用噪声污染图表示时，评价量为 L_{eq} 或 L_{10}，按

5dB 一等级，以不同颜色或不同阴影线画出每段马路的噪声值，即得到全市交通噪声污染分布图。

4.2.2　油田特殊污染物监测

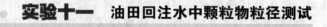

实验十一　油田回注水中颗粒物粒径测试

一、实验目的

1. 了解油田回注水中颗粒物粒径测试的基本原理。
2. 掌握油田回注水中颗粒物粒径测试的基本步骤。

二、实验原理

利用颗粒计数器分别测定不同孔径时，通过微孔滤膜的颗粒物的数量分布，确定回注水中颗粒物的粒径分布。

三、实验仪器及药品

1. 库尔特颗粒计数器。
2. 过滤器及孔径为 $0.2 \sim 0.45 \mu m$ 的滤膜或超级过滤器。
3. 烧杯：1000mL。
4. 量筒：1000mL。
5. 氯化钠：分析纯。
6. 标准颗粒：校正仪器用的标准颗粒可采用直径为 $2.09 \mu m$、$8.70 \mu m$、$13.7 \mu m$、$19.1 \mu m$、$39.4 \mu m$ 的标准颗粒或直径相近的其他标准颗粒。

四、实验过程

1. 配制电解质溶液：称取分析纯氯化钠 20g 置于烧杯中，加入蒸馏水 1000mL 使其溶解，用孔径 $0.2 \sim 0.45 \mu m$ 的滤膜或超级过滤器过滤，使水中颗粒符合测定要求。
2. 选用合适的小孔管和适宜的标准颗粒对仪器进行校正。
3. 悬浮颗粒含量较高的水样应采用按上述步骤配制的电解质溶液进行稀释。
4. 分析步骤：取水样 150～200mL 直接放到样品架上，将取样方式开关指向压力计，同时选进样体积开关使之指向需要的体积，按照仪器操作规程进行操作。
5. 打印内容
(1) 每一个通道（颗粒直径范围）的颗粒数目与颗粒体积百分数。
(2) 水样中的颗粒总数目。
(3) 取样时间。
(4) 各通道（颗粒直径范围）的累计颗粒数目与颗粒累计体积百分数。

五、实验数据处理

1. 原水样中每个通道（颗粒直径范围）的颗粒数目
按下式计算：

$$N = n\frac{V_s + V_d}{V_y V_s} \times 10^3$$

式中　　N——原水样中每个通道的颗粒数目，个/mL；

n——分析测得的每个通道 V_y 体积中的颗粒数目，个；

V_y——压力计取样体积，μL；

V_s——杯中加入被测水样体积，mL；

V_d——杯中加入电解质溶液体积，mL。

2. 水样中颗粒体积计算
每个通道颗粒体积按下式计算：

$$V = \frac{10^{-3} \times \pi \times ND^3}{6}$$

式中　　V——每个通道所含颗粒体积，mm³/m³；

D——对应通道的颗粒直径，μm；

N——对应通道的颗粒数，个/mL。

3. 水样中颗粒总体积
按下式计算：

$$\sum V = V_1 + V_2 + V_3 + \cdots + V_{16}$$

式中　　　　　$\sum V$——颗粒总体积，mm³/m³；

V_1，V_2，$\cdots$，V_{16}——各个通道的颗粒体积，mm³/m³。

颗粒直径中值的确定：以颗粒直径为横坐标，颗粒累计体积百分数为纵坐标作图，在图上颗粒累计体积 50％时所对应的直径为颗粒直径中值。

实验十二　油气田采出水中硫化物的测定(亚甲基蓝比色法)

一、实验目的

1. 了解亚甲基蓝比色法的基本原理。
2. 掌握油气田采出水中硫化物测定的基本方法。

二、实验原理

在酸性条件下，硫离子可以与对二甲氨基苯胺硫酸盐（或盐酸盐）和三氯化铁作用，生成可溶性的染料——亚甲基蓝，其颜色深度与硫离子浓度成正比。

三、实验仪器及试剂

1. 实验仪器

（1）比色管：25mL 或 50mL。

（2）分光光度计。

2. 试剂

（1）硫酸：密度为 $1.84g/cm^3$，分析纯。

（2）三氯化铁：分析纯。

（3）磷酸氢二铵：分析纯。

（4）醋酸锌：分析纯。

（5）对二甲氨基苯胺硫酸盐（或盐酸盐）：分析纯。

四、实验准备

1. 对二甲氨基苯胺硫酸盐储备溶液配制

称取 27.28g 对二甲氨基苯胺硫酸盐，溶于 80mL（5＋3）硫酸溶液中，转入 100mL 容量瓶内，用蒸馏水稀释至刻度，摇匀（或采用对二甲氨基苯胺盐酸盐 15.7g 溶于 100mL 浓盐酸中）。

2. 对二甲氨基苯胺硫酸盐使用液配制

吸取对二甲氨基苯胺硫酸盐储备溶液 10mL 置于 1000mL 容量瓶中，用（1＋1）硫酸溶液或盐酸（分析纯，密度为 $1.19g/cm^3$）稀释至刻度并摇匀。

3. 三氯化铁溶液配制

称取 100g 三氯化铁，溶解于 100mL 蒸馏水中。

4. 硫化物标准溶液的配制与标定

称取 2g 硫化钠（分析纯）于具胶塞的 250mL 三角瓶中，加蒸馏水 20mL，再加入（1＋1）盐酸溶液 5～10mL，将产生的硫化氢气体立即用 500mL 5g/L 的醋酸锌溶液吸收，再用 10g/L 的氢氧化钠溶液调整吸收液的 pH 值为 9～10。

5. 0.005mol/L 碘液的配制

称取碘化钾 2.0g 置于烧杯中，加少量蒸馏水使其溶解，然后称 27g 碘，待溶解后用玻璃漏斗过滤后置于 1000mL 的棕色容量瓶中，用蒸馏水稀释至刻度，摇匀。

6. 硫化物标准溶液的标定

（1）准确吸取 20.00mL 于 100mL 碘量瓶中。

（2）加蒸馏水 40mL 准确加入 5.00mL 浓度为 0.005mol/L 碘液。

（3）再加入（1＋9）硫酸溶液 5.0mL，置暗处 3min。

（4）用硫代硫酸钠标准溶液滴定至淡黄色时，加入 10g/L 的淀粉溶液 0.5mL，继续滴定至蓝色消失为止，记下消耗的硫代硫酸钠溶液体积 V_{Ls}。

（5）准确吸取浓度 0.005mol/L 的碘液 5.00mL 置于碘量瓶中，加蒸馏水 50mL。

（6）以下操作按（3）和（4）步骤进行。记下消耗的硫代硫酸钠标准溶液的体积 V_{Ld}。

二价硫含量的计算：

$$c_{S^{2-}} = \frac{16 c_s (V_{Ld} - V_{Ls})}{V_{rs}}$$

式中　$c_{S^{2-}}$——二价硫的浓度，mg/mL；

c_s——硫代硫酸钠溶液的浓度，mol/L；

$V_{Ld} - V_{Ls}$——标定二价硫消耗的硫代硫酸钠体积，mL；

V_{rs}——标定时取二价硫标准溶液的体积，mL。

五、实验过程

1. 取 100mL 水样置于已加入了 2~5mL 醋酸锌溶液的细口瓶中，盖好瓶塞。

2. 小心吸去取样瓶上部清液，将沉淀转入 25mL（或 50mL）比色管中，用蒸馏水稀释至刻度，如液面已超过刻度，应静置沉降后再吸去多余清液。

3. 向样品管及装有 25mL（或 50mL）蒸馏水的空白管中加入对二甲氨基苯胺硫酸盐使用液 1.5mL、三氯化铁溶液 0.3mL，摇匀；静置 5min 后再加入磷酸氢二铵溶液 5.0mL，摇匀。

4. 将步骤 3 中定容溶液置于比色皿中，用空白管的溶液作参比在分光光度计波长 670nm 处测其光密度，在标准曲线上查出硫含量。

5. 绘制标准曲线：吸取 0.010mg/mL 的硫化物（S^{2-}）标准溶液 0.00mL、0.50mL、1.00mL、1.50mL、2.00mL、2.50mL、3.00mL、3.50mL、4.00mL 分别移入 25mL（或 50mL）比色管中；再按步骤 3 和步骤 4 进行操作；以吸光度值为纵坐标，二价硫含量为横坐标绘制标准曲线。

六、实验数据处理

$$C_L = \frac{m_L}{V_W} \times 10^3$$

式中　C_L——水中硫化物含量，mg/L；

m_L——在标准曲线上查出的硫含量，mg；

V_W——取样体积，mL。

实验十三　油田回注水腐蚀速率监测

一、常压静态腐蚀速率及缓蚀率测定方法

（一）实验目的

1. 了解金属腐蚀的基本原理和类型。

2. 了解影响腐蚀的主要因素。

3. 掌握金属腐蚀速率测试的基本方法。

（二）实验原理

将已称量的金属试片分别挂入已加和未加缓蚀剂的试验介质中，在规定条件下浸泡一定的时间，然后取出试片，经清洗干燥处理后称量，根据试片的质量损失分别计算出平均腐蚀速率和缓蚀率。同时测出最深的点蚀深度，计算点蚀速率。

（三）试剂与仪器

1. 氯化钠（分析纯）。

2. 氯化镁（分析纯）。

3. 氯化钾（分析纯）。

4. 硫酸钠（分析纯）。

5. 氯化钙（分析纯）。

6. 碳酸氢钠（分析纯）。

7. 硫化钠（分析纯）。

8. 氢氧化钠（分析纯）。

9. 硫酸（分析纯）。

10. 盐酸（分析纯）。

11. 无水乙醇（分析纯）。

12. 丙酮（分析纯）。

13. 石油醚：沸程 60～90℃。

14. 高纯氮：纯度不小于 99.99％。

15. 二氧化碳：纯度不小于 99.95％。

16. 恒温箱。

17. 分析天平：感量为 0.1mg。

18. 点蚀测深仪：精度为 0.02mm。

19. 游标卡尺：精度为 0.02mm。

20. 启普发生器。

21. 电吹风机。

22. 实验用酸清洗液。

酸清洗液的配制：配制的酸清洗液应能全部除去试片上的腐蚀产物沉积物。原则上是既能迅速、顺利地去除试片上的沉积物，又能基本上不侵蚀金属本体。

（1）用盐酸配制

盐酸（分析纯）	100mL
六亚甲基四胺（分析纯）	5～10g
水	加水到 1000mL

（2）用硫酸配制

硫酸（分析纯）	100mL
有机缓蚀剂	5～25g
水	加水到 1000mL

（3）用硝酸配制

硝酸（分析纯）	105mL
苯胺（分析纯）	2.0g
六亚甲基四胺（分析纯）	2.0g
硫氰酸钾（分析纯）	2.0g
水	加水到1000mL

处理前必须进行空白实验，空白试片本身被腐蚀的质量损失应小于1.0mg。

空白实验：取三片材质、状态、尺寸等均与腐蚀试验所用相同的试片，按与腐蚀试验完全相同的流程（表面处理、清洗、称量等）处理后，在未受腐蚀的状态下，用酸清洗液进行化学清洗5min。将清洗后的试片洁净、干燥后称量，计算出三片试片的平均质量损失。

（四）实验条件

1. 实验温度按现场实际温度确定，一般选择50℃。

2. 实验时间，一般选择7～14d为一周期。

3. 实验容器应符合规定，一般采用橡胶塞密封的广口玻璃瓶。支持系统一般采用塑料挂具。

4. 实验介质采用油田采出水或人工自配模拟水。实验介质的用量为每$1cm^2$试片表面积不少于20mL。

5. 试片的材质应与现场实际应用的钢材相同，一般使用A_3钢。试片的形状推荐采用长方体，外形尺寸为76mm×13mm×1.5mm或50mm×13mm×1.5mm。在一端距边线10mm处钻一直径为4mm的小孔，并打号。同批实验目的的试片，其形状及规格应相同。

（五）实验过程

按实验要求用容量瓶配制缓蚀剂溶液。该溶液应在实验当天或前一天配制。

1. 将试片先用滤纸擦净，然后放入盛有沸程为60～90℃的石油醚或丙酮的器皿中，用脱脂棉除去试片表面油脂后，再放入无水乙醇中浸泡约5min，进一步脱脂和脱水。取出试片放在滤纸上，用冷风吹干后再用滤纸将试片包好，储于干燥器中，放置1h后再测量尺寸和称量，精确至0.1mg。

2. 实验介质采用油田采出水时，先用氮气吹扫取样用下口瓶，排除其中的空气后，采用排气取样法采集水样，严防进入空气。现场取样后密封，24h内使用。分别测定主要离子成分和溶解氧、硫化氢、侵蚀性二氧化碳、pH值、SRB、TGB、含油量、悬浮物含量等。

3. 实验介质采用自配模拟水时，可根据现场实际水质和主要离子成分用符合要求的试剂和三级水配制。用氮气驱氧2～4h，当水中含氧符合要求时，再用气瓶导入二氧化碳气或用启普发生器导入硫化氢，使自配模拟水能最大限度地模拟现场采出水。

4. 将配制好的缓蚀剂溶液按设计质量浓度值用移液管分别加入实验容器中。

5. 用氮气吹扫实验容器，排除其中的空气，再用橡胶管将实验介质分别导入实验容器中。导入时橡胶管应插入液面以下并紧贴瓶壁，以防进入空气。然后随液面的上升逐步提高橡胶管，液面到瓶颈时挂入试片，用橡胶瓶塞密封。同时做不加缓蚀剂的空白实验。

6. 每组实验至少做三个平行实验，每个平行实验容器中挂三片试片。试片不允许与容器壁接触，试片间距应在1cm以上，试片上端距液面应在3cm以上。

7. 将实验装置放入恒温箱中，在设定温度下恒温放置一个实验周期。

8. 将已完成实验周期的试片取出，观察、记录表面腐蚀状态及腐蚀产物黏附情况后，立即用清水冲洗掉实验介质，并用滤纸擦干。

9. 将试片放入盛有沸程为 60~90℃ 的石油醚或丙酮的器皿中，用脱脂棉除去试片表面油污后，再放入无水乙醇中浸泡 5min，进一步脱脂和脱水。将试片取出放入酸清洗液中浸泡 5min，同时用镊子夹少量脱脂棉轻拭试片表面的腐蚀产物。从清洗液中取出试片，用自来水冲去表面残酸后，立即将试片浸入氢氧化钠溶液（60g/L）中，30s 后再用自来水冲洗，然后放入无水乙醇中浸泡约 5min，清洗脱水两次。取出试片放在滤纸上，用冷风吹干，然后用滤纸将试片包好，储于干燥器中，放置 1h 后称量，精确至 0.1mg。

10. 观察并记录试片表面的腐蚀状况，若有点蚀，记录单位面积的点蚀个数，并用点蚀测深仪测量出最深的点蚀深度。

（六）实验数据处理

均匀腐蚀速率 r_{corr}，按下式计算：

$$r_{corr} = \frac{8.76 \times 10^4 \times (m - m_t)}{S_1 t \rho}$$

式中　r_{corr}——均匀腐蚀速率，mm/年；

　　　m——实验前的试片质量，g；

　　　m_t——实验后的试片质量，g；

　　　S_1——试片的总面积，cm^2；

　　　ρ——试片材料的密度，g/cm^3；

　　　t——实验时间，h。

缓蚀率 η_1，按下式计算：

$$\eta_1 = \frac{\Delta m_0 - \Delta m_t}{\Delta m_0} \times 100\%$$

式中　η_1——缓蚀率，%；

　　　Δm_0——空白实验中试片的质量损失，g；

　　　Δm_t——加药实验中试片的质量损失，g。

点蚀速率 r_t，按下式计算：

$$r_t = \frac{8.76 \times 10^3 \times h_t}{t}$$

式中　r_t——点蚀速率，mm/年；

　　　h_t——实验后试片表面最深点蚀深度，mm；

　　　t——实验时间，h。

二、室内动态腐蚀速率及缓蚀率测定方法（旋转挂片法）

（一）实验目的

1. 了解流体的流动状态对于金属腐蚀的影响。

2. 掌握旋转挂片法测定金属动态腐蚀速率的方法。

（二）实验原理

将金属试片分别挂入已加和未加缓蚀剂的实验介质中，在规定的温度和线速度下旋转一定的时间，然后取出试片，经清洗干燥处理后称量，由试片的质量损失计算出均匀腐蚀速率和缓蚀率。同时测出最深的点蚀深度，计算出点蚀速率。

（三）试剂与仪器

旋转挂片实验装置见图4-1。

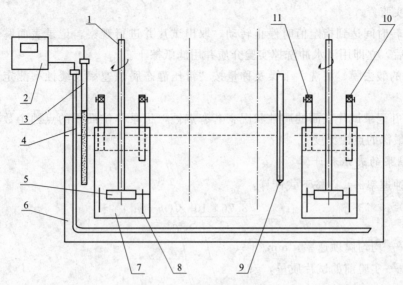

图 4-1 旋转挂片实验装置

1—旋转轴；2—控温仪；3—测温探头；4—电加热器；5—试片固定装置；6—恒温水浴；
7—试杯；8—试片；9—温度计；10—进气（液）口；11—出气口

实验装置必须符合以下要求：

（1）水温控制精度±1℃。

（2）旋转轴转速40～150r/min，试片线速度0.20～0.60m/s，精度±3％。

（3）旋转轴、试片固定装置和试杯需用电绝缘材料制作。

（4）试杯必须能密封、隔氧，试杯盖应有固定的进、出气口。

（5）每组试片固定装置可安装2～3片试片。

（四）实验条件

1. 实验介质、实验温度与"常压静态腐蚀速率及缓蚀率测定方法"中的规定相同，试片也与"常压静态腐蚀速率及缓蚀率测定方法"中的规定相同。

2. 试片线速度根据实际需要可选用0.30～0.50m/s。

3. 对每个实验条件，至少做两组平行实验。

4. 实验周期可为48h，也可根据实际需要适当延长。

（五）实验内容

1. 按实验要求用容量瓶配制缓蚀剂溶液。该溶液应在实验当天或前一天配制。

2. 将试片先用滤纸擦净，然后放入盛有沸程为60～90℃的石油醚或丙酮的器皿中，用脱脂棉除去试片表面油脂后，再放入无水乙醇中浸泡约5min，进一步脱脂和脱水。取出试片放在滤纸上，用冷风吹干后再用滤纸将试片包好，储于干燥器中，放置1h后再测量尺寸和称量，精确至0.1mg。

3. 按实验要求准备好实验介质。

4. 将配制好的缓蚀剂溶液按设计质量浓度值用移液管加入试杯中。

5. 将经过处理、称量的试片安装在实验装置的试片固定装置上，装上已加缓蚀剂的试杯，用氮气驱替空气后，在氮气保护下通过进液管压入实验介质至充满。

6. 将试杯放入恒温水浴中，调整转速，在氮气和水密封下恒温运转48h。同时做不加缓蚀剂的空白实验。

7. 当运转时间达到指定值时停止转动，取出试片并进行观察，记录表面腐蚀及腐蚀产物黏附情况后，立即用清水冲洗掉实验介质并用滤纸擦干。

8. 试片的酸去膜、清洗、干燥及称量按"常压静态腐蚀速率及缓蚀率测定方法"中的规定进行。

9. 观察并记录试片表面的腐蚀状况，若有点蚀，记录单位面积的点蚀个数，并用点蚀测深仪测出最深的点蚀深度。

（六）实验结果的表示和计算

均匀腐蚀速率 r_{corr}，按下式计算：

$$r_{corr} = \frac{8.76 \times 10^4 \times (m - m_t)}{S_1 t \rho}$$

式中　r_{corr}——均匀腐蚀速率，mm/年；

m——实验前的试片质量，g；

m_t——实验后的试片质量，g；

S_1——试片的总面积，cm^2；

ρ——试片材料的密度，g/cm^3；

t——实验时间，h。

缓蚀率 η_1，按下式计算：

$$\eta_1 = \frac{\Delta m_0 - \Delta m_t}{\Delta m_0} \times 100\%$$

式中　η_1——缓蚀率，%；

Δm_0——空白实验中试片的质量损失，g；

Δm_t——加药实验中试片的质量损失，g。

点蚀速率 r_t，按下式计算：

$$r_t = \frac{8.76 \times 10^3 \times h_t}{t}$$

式中　r_t——点蚀速率，mm/年；

h_t——实验后试片表面最深点蚀深度，mm；

t——实验时间，h。

实验十四　空气中石油烃的监测

石油烃包括甲烷烃和非甲烷烃，是油田开发行业中具有代表性的污染物。

一、实验目的

1. 了解空气中石油烃的来源及组成。
2. 了解气相色谱的基本原理及各个部件的作用。
3. 掌握气相色谱法测试空气中石油烃的测试方法。

二、实验原理

用气相色谱仪以火焰离子化检测器分别测定空气中总烃及甲烷烃的含量，两者之差为非甲烷烃的含量。

以氮气为载气测定总烃时，总烃的峰包括着氧峰，气样中的氧产生正干扰。在固定色谱条件下，一定量氧的响应值是固定的，因此可以用净化空气求出空白值，从总烃峰中扣除，以消除氧的干扰。

方法检出限为 0.2mg（以甲烷计）。

三、实验仪器和试剂

1. 实验仪器

（1）玻璃注射器：100mL。

（2）气相色谱仪：附火焰离子检测器。气相色谱仪并联两根色谱柱，两根色谱柱的尾端连接一个三通与火焰离子化检测器相连。色谱流程图见图 4-2。

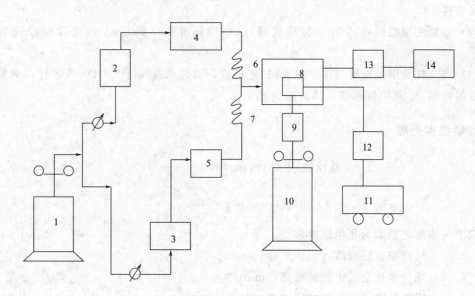

图 4-2 色谱流程图

1—氮气瓶；2,3,9,12—净化器；4,5—六通阀带 1mL 定量管；6—GDX-502 柱；7—2m 空柱；
8—火焰离子化检测器；10—氢气瓶；11—空压机；13—放大器；14—记录仪

2. 实验试剂

甲烷标准气：10×10^{-6}，以氮气为底气；氮气、氢气、压缩空气，均经硅胶、5Å 分子筛及活性炭净化处理；钯-6201 催化剂。

四、采样

用 100mL 注射器抽取现场空气，冲洗注射器 3～4 次，采气样 100mL，密封注射器口，样品在 12h 之内测定。

五、实验步骤

1. 色谱条件

柱温：80℃；检测器温度：120℃；汽化室温度 120℃。

载气：氮气流量 70mL/min；燃气：氢气流量 70～75mL/min；助燃气：空气流量900～1000mL/min。

2. 定性分析

（1）样品经由 1mL 定量管。通过六通阀进入色谱柱空柱，总烃只出一个峰，不能将样品中各种烷烃、烯烃和芳香烃以及醛、酮等有机物分开。

（2）样品经由 1mL 定量管。通过六通阀进入色谱柱 GDX-502 柱时，空气峰及其他烃类与甲烷均分开。

（3）配制已知气样，根据保留时间，可对气样中各种成分进行定性分析。

3. 定量分析

（1）将气样、甲烷标准气及除烃净化空气，依次分别经 1mL 定量管，通过六通阀进入色谱柱空柱。

（2）分别测量总烃峰高 h_1（包括氧峰）、甲烷标准气体峰高 h_s 以及除烃净化空气峰高 h_a。

（3）将气样及甲烷标准气体，经 1mL 定量管，通过六通阀进入 GDX-502 柱，测量气样中甲烷的峰高 h_m 及甲烷标准气体的峰高 h_s。

六、实验数据处理

$$总烃（以甲烷计,mg/m^3）=\frac{h_1-h_a}{h_s}c_s$$

$$甲烷（mg/m^3）=\frac{h_m}{h_s'}\times c_s$$

以上两浓度之差即为非甲烷烃浓度。

式中　h_1——气样中总烃峰高（包括氧峰），mm；

　　　h_a——除烃净化空气中氧的峰高，mm；

　　　h_s——甲烷标准气体经空柱后测得的峰高，mm；

　　　h_m——气样中甲烷的峰高，mm；

　　　h_s'——甲烷标准气体经过 GDX-502 柱测得的峰高，mm；

　　　c_s——甲烷标准气体的浓度，mg/m³。

七、注意事项

1. 气相色谱所用气体流量比：氮气：氢气：空气＝1：1：（13～14），助燃气体用量比通常用量稍微大一些。

2. 净化空气处理量以 $500\sim600\mathrm{mL/min}$ 为宜。在 GDX-502 柱上检验不出烃类峰为合格。

3. GDX-502 柱使用前，应在 $100^{\circ}\mathrm{C}$ 左右通氮气老化 24h。

4. 不锈钢空柱，实际是柱内部填充 $80\sim100$ 目玻璃微球。

实验十五　油田土壤中石油类的监测

油类物质从来源上一般可分为三大类：一是矿物油，指天然石油（原油）及其炼制产品，由碳氢化合物组成；二是动植物油脂，来自动物、植物和海洋生物，主要由各种三酰、甘油组成，并含有少量的低级脂肪酸脂、磷脂类、甾醇类等；三是香精油，由某些植物提馏而得的挥发性物质，主要成分是一些芳香烃或萜烯烃等。

一、实验目的

1. 了解土壤中石油类的来源。

2. 了解红外光度法测定石油类的基本原理。

3. 掌握土壤中石油类测定的一般步骤。

二、实验原理

本实验是以 GB/T 16488—1996 为参考，在 GB/T 16488—1996 中定义的石油类为用四氯化碳萃取、不被硅酸镁吸附，并且在波数为 $2930\mathrm{cm^{-1}}$、$2960\mathrm{cm^{-1}}$ 和 $3030\mathrm{cm^{-1}}$ 全部或部分谱带处有特征吸收的物质。

用四氯化碳萃取土壤固相中油类物质，然后将萃取液用硅酸镁吸附，经脱除动植物油等极性物质后，测定石油类。石油类的含量均由波数分别为 $2930\mathrm{cm^{-1}}$（CH_2 基团中 C—H 键的伸缩振动）、$2960\mathrm{cm^{-1}}$（CH_3 基团中 C—H 键的伸缩振动）和 $3030\mathrm{cm^{-1}}$（芳香环中 C—H键的伸缩振动）谱带处的吸光度 A_{2930}、A_{2960} 和 A_{3030} 进行计算。动植物油的含量按总萃取物与石油类含量之差计算。

三、实验试剂和材料

1. 四氯化碳（CCl_4）：在 $2600\sim3300\mathrm{cm^{-1}}$ 之间扫描，其吸光度应不超过 0.03（1cm 比色皿、空气池作参比）。

2. 硅酸镁：$60\sim100$ 目。取硅酸镁于瓷蒸发皿中，置高温炉内 $500^{\circ}\mathrm{C}$ 加热 2h，在炉内冷却至约 $200^{\circ}\mathrm{C}$ 后，移入干燥器中冷却至室温，于磨口玻璃瓶内保存。使用时，称取适量的干燥硅酸镁于磨口玻璃瓶中，根据干燥硅酸镁的重量，按 6%（质量分数）的比例加适量的蒸馏水，密塞并充分振荡数分钟，放置约 12h 后使用。

3. 吸附柱：内径 10mm、长约 200mm 的玻璃层析柱。出口处填塞少量用萃取溶剂浸泡并晾干后的玻璃瓶中，将已处理好的硅酸镁缓缓倒入玻璃层析柱中，边倒边轻轻敲打。填充高度为 80mm。

4. 无水硫酸钠（Na_2SO_4）：在高温炉内 300℃ 加热 2h，冷却后装入磨口玻璃瓶中，干燥器内保存。

5. 氯化钠（NaCl）。

6. 盐酸（HCl）：密度 1.18g/mL。

7. （1＋5）盐酸溶液。

8. 氢氧化钠（NaOH）溶液：50g/L。

9. 硫酸铝［$Al_2(SO_4)_3 \cdot 18H_2O$］溶液：130g/L。

10 正十六烷［$CH_3(CH_2)_{14}CH_3$］。

11. 姥蛟烷（2,6,10,14-四甲基十五烷）。

12. 甲苯（$C_6H_5CH_3$）。

四、仪器和设备

1. 仪器：红外分光光度计，能在 2400～3400cm^{-1} 之间进行扫描操作并配 1cm 和 4cm 带盖石英比色皿。

2. 分液漏斗：1000mL，活塞上不得使用油性润滑剂。

3. 容量瓶：50mL、100mL 和 1000mL。

4. 玻璃砂芯抽滤装置。

5. 调速振荡器。

6. 比色管：50mL。

五、采样和样品制备

一般采集混合样，采取梅花点法，它适用于面积较小、地势平坦、土壤组成和受污染程度相对比较均匀的地块，设分点 5 个左右。再将采集的 5 点样品混合均匀。样品分为两份，一份不风干测含水率，一份采取自然风干或真空冷冻干燥等方式，不可直接在日光下曝晒或高温烘干，以防所测组分的损失。

取自然风干后土壤样品约 50g，粉碎后过 80～100 目筛，装棕色玻璃瓶待用。

六、实验步骤

1. 样品萃取

准确称取干燥试样 10.0g（另称一份测定含水率）置于 100mL 锥形瓶中，加入 30mL 四氯化碳；将锥形瓶放入振荡器上提取 30min，静置，吸出上清液，于 50mL 比色管中，再用 30mL 四氯化碳重复萃取一次。用垫有约 2cm 厚无水硫酸钠的玻璃砂芯真空抽滤装置抽滤。将滤出液收集于 100mL 容量瓶中。再用约 5mL 四氯化碳清洗样品和抽滤装置，合并三次滤出液并用四氯化碳定容至 100mL。滤出液经硅酸镁吸附后，用于上机测定石油类。

2. 吸附

取适量的萃取液通过硅酸镁吸附柱，弃去前约 5mL 的滤出液，余下部分接入玻璃瓶用于测定石油类。如萃取液需要稀释，应在吸附前进行。

3. 样品测定

使用测试软件, 设定各个参数, 以四氯化碳作参比溶液, 使用适当光程的比色皿, 在 $2400\sim3400\text{cm}^{-1}$ 之间对硅酸镁吸附后滤出液进行扫描, 于 $2600\sim3300\text{cm}^{-1}$ 之间划一直线作基线, 在 2930cm^{-1}、2960cm^{-1} 和 3030cm^{-1} 处测量硅酸镁吸附后滤出液吸光度 A_{2930}、A_{2960} 和 A_{3030}, 计算石油类的含量。

实验十六 井场柴油机的噪声监测

一、实验目的

1. 了解井场产油机噪声现状, 分析其变化趋势和规律。

2. 了解噪声源的污染程度和范围。

3. 掌握井场柴油机噪声监测的一般方法。

二、测量方法

1. 安装传声器的要求: 测量井场柴油机噪声的传声器, 其安装高度为 1.2m, 测量噪声时, 人需离开。

2. 测点选择的原则: 若井场内各处 A 声级波动小于 3dB, 则只需在井场内选择 1~3 个测点; 若井场内各处声级波动大于 3dB, 则应按声级大小, 将井场分成若干区域。任意两区域的声级应大于或等于 3dB, 而每个区域内的声级波动必须小于 3dB, 每个区域取 1~3 个测点。这些区域必须包括所有工人为观察或管理生产过程而经常工作、活动的地点和范围。例如, 为稳态噪声测量 A 声级; 为不稳态噪声测量等效连续 A 声级或测量不同 A 声级下的暴露时间, 可计算等效连续 A 声级。测量时使用慢档, 取平均读数。

测量时要注意减少环境因素对测量结果的影响, 如应注意避免或减少气流、电磁场、温度和湿度等因素对测量结果的影响。

三、测量结果记录

测量仪器		名称	型号	校准方法	备注

数据记录	测点	声级/dB		低频带声压级/dB								
		A	B	31.5Hz	63Hz	125Hz	250Hz	500Hz	1000Hz	2000Hz	4000Hz	8000Hz

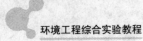

　　测量的 A 声级的暴露时间必须填入对应的中心声级下面，以便计算。如 78～82dB 的暴露时间填在中心声级 80 之下，83～87dB 的暴露时间填在中心声级 85dB 之下。

测点	中心声级/dB										等效连续声级
	80	85	90	95	100	105	110	115	120	125	
暴露时间 /min											
备注											

第5章　水污染控制工程实验

5.1　水样的采集与保存

水质的分析和实验用水样的采集与保存参照《水环境监测规范》（SL 219—1998）要求执行。基于水污染控制工程实验控制目标的不同，水样的保存方法和保存期见表 5-1。

表 5-1　水样的保存方法和保存期

测定项目	容器类别	保存方法	保存期	建议
pH	P 或 G		12h	现场直接测试
酸度及碱度	P 或 G	2～5℃暗处	24h	水样注满容器
电导率	P 或 G	2～5℃	24h	最好在现场测试
色度	P 或 G	2～5℃暗处	24h	
悬浮物	P 或 G		24h	单独定容采样
浊度	P 或 G			现场直接测试
溶解氧	溶解氧瓶	现场固定并存放暗处	数小时	
BOD$_5$	G	2～5℃暗处	尽快	使用专用玻璃容器
COD	G	2～5℃暗处，H_2SO_4 调 pH<2	尽快	
石油类	G	现场萃取冷冻至−20℃	数月	采样后立即现场萃取
硫化物	G	$Zn(AC)_2$、NaOH 固定	24h	必须现场固定
总氰化物	P	NaOH 调 pH>12	24h	
酚	BG	$CuSO_4$ 抑制生化，调 pH>12	24h	
砷	P 或 G	H_2SO_4 调 pH<2，NaOH pH>12	数月	不能用硝酸酸化
锰、锌、铅、隔	P 或 BG	硝酸酸化至 pH<2	1 月	
铜	P 或 G	硝酸酸化至 pH<2	1 月	
汞	P 或 BG		14d	保存取决于分析方法
总铬	P 或 G	酸化使 pH<2		不得使用磨口容器
六价铬	P 或 G	NaOH 调节使 pH=7～9		不得使用磨口容器
总硬度	P 或 BG	过滤后将滤液酸化至 pH<2		酸化时不要用 H_2SO_4
氟化物	P		数月	
氯化物	P 或 G		数月	
总磷	BG	用 H_2SO_4 酸化至 pH<2	数月	
硫酸盐	P 或 G	于 2～5℃冷藏	7d	
微生物	G	加 $Na_2S_2O_3$ 除余氯，4℃	12h	

注：P 为聚乙烯；G 为玻璃；BG 为硼硅玻璃。

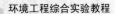
水污染控制实验中主要的水质指标分析方法和标准见表 5-2。

表 5-2　水质指标分析方法和标准

水质指标	测定方法	检测范围/(mg/L)	标准号
水温	水温计测量法	$-6\sim+40℃$	GB 13195—1991
pH 值	玻璃电极法	$0\sim14$	GB 6920—1986
溶解氧	碘量法	$0.2\sim20$	GB 7489—1987
COD	重铬酸盐法	$30\sim700$	GB 11914—1989
BOD_5	稀释与接种法	$2\sim6000$	GB 7488—1987
石油类	紫外分光光度法	$0.05\sim50$	SL 93.2—1994
总磷	钼酸铵分光光度法	$0.01\sim0.6$	GB 11893—1989
氟化物	离子选择性电极法	$0.50\sim1900$	GB 7484—1987
总铁	二氮杂菲分光光度法	检出下限 0.05	GB 5750—1985
	原子吸收分光光度法	检出下限 0.3	
总铜	原子吸收分光光度法	$0.05\sim5$	GB 7475—1987
总锌	双硫腙分光光度法	$0.005\sim0.05$	GB 7472—1987
总砷	二乙基二硫代氨基甲酸银分光光度法	$0.007\sim0.5$	GB 7485—1987
总镉	双硫腙分光光度法	$0.001\sim0.05$	GB 7471—1987
总铅	双硫腙分光光度法	$0.01\sim0.30$	GB 7470—1987
铬(六价)	二苯碳酰二肼分光光度法	$0.004\sim1.0$	GB 7467—1987
挥发酚	4-氨基安替比林分光光度法	$0.002\sim6$	GB 7486—1987
总大肠菌群	多管发酵法		GB 5750—1985

5.2　实验项目

实验一　混凝实验

一、实验目的

1. 通过混凝实验，观察混凝现象，加深对混凝理论的理解。
2. 掌握化学混凝工艺最佳混凝剂的筛选方法。
3. 通过实验确定处理废水的最佳混凝工艺条件。

二、实验原理

化学混凝所处理的对象，主要是水中的微小悬浮物和胶体杂质。水体中胶体颗粒能稳定存在主要的影响因素有：静电斥力，胶粒的 ζ 电位越高，胶粒间的静电斥力越大；水分子热运动的影响（布朗运动）；水化膜的阻止，由于胶粒带电，将极性水分子吸引到它的周围形成一层水化膜，阻止了胶粒的相互接触。

向水体中投加混凝剂，通过化学药剂（混凝剂）来破坏胶体和细小悬浮物在水中形成的稳定分散体系，可以使分散颗粒相互结合聚集增大，成为具有明显沉降性能的颗粒物而下沉，从水中分离出来，此即混凝。化学混凝的作用机理至今仍未完全清楚，通常可以利用压缩双电层、吸附电中和、吸附架桥、沉淀物网捕作用理论加以解释。

混凝处理在工艺上可分为混合、反应、分离三个阶段。在混合阶段，应保持较强的水力条件，使混凝剂快速均匀地分散在水体中，完成双电层压缩和电中和作用过程。反应阶段，则应控制适当的搅拌速度，保持水体具有适当的紊流速度，有利于微小絮体的聚结长大。分离阶段的作用时间，视絮体的沉降速度和分离要求而定。

影响混凝效果的因素较复杂，主要有水温、水质和水利条件等。实验主要针对待处理废水，通过实验进行混凝剂筛选，观察混凝作用过程，在一定温度和搅拌强度条件下，确定最佳投药量，以及最佳 pH 值。

三、实验设备及装置

（1）混凝实验装置主要是六联电动实验搅拌机 MY3000-6A，为叶桨式，具有调速和定时功能，见图 5-1。

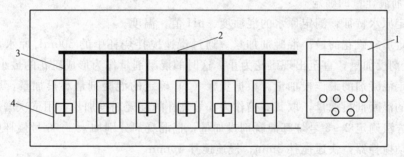

图 5-1 实验搅拌机示意图

1—数显控制面板；2—传动轴；3—搅拌桨；4—烧杯

（2）光电浊度仪 WGZ-200。

（3）pHS-2 型精密酸度计。

四、实验材料与药品

1. 水样：生活污水、油田钻井废水或配制水样。

2. 混凝剂：精制硫酸铝 $Al_2(SO_4)_3 \cdot 18H_2O$；三氯化铁 $FeCl_3 \cdot 6H_2O$；聚合氯化铝 $[Al_2(OH)_mCl_{6-m}]_n$；硫酸亚铁 $FeSO_4 \cdot 7H_2O$，浓度均为 1%。

3. 助凝剂：聚丙烯酰胺 PAM($M>300$ 万)，浓度 0.1%。

4. pH 调节：氢氧化钠 NaOH；盐酸 HCl，浓度均为 10%。

五、实验步骤

1. 实验方法

取 500mL 废水于六个搅拌杯中，加酸或碱调整 pH 值后，按一定的比例投加混凝剂，在六联搅拌器上快速搅拌（转速 200～300r/min）2min，再慢速搅拌（20～40r/min）10min，然后静置，观察并记录实验过程中絮体形成的时间、大小及密实程度，沉淀快慢，废水颜色变化等现象。静置沉淀 10min 后，用注射针筒取 20mL 水样，用光电浊度仪测定其相对浊度。

2. 最佳混凝剂的筛选

根据所选废水的水质特点，分别在 4 个杯中投加 1%的精制硫酸铝、1%聚合氯化铝、1%的三氯化铁、1%硫酸亚铁各 1.0mL，加入 0.1%的聚丙烯酰胺 0.5mL，根据实验现象和检测结果，筛选出适宜处理该废水的最佳混凝剂。实验结果记入表 5-3。

表 5-3　最佳混凝剂的筛选

第　　　　组	姓名		学号		实验日期	
原水特性:温度		℃	浊度	pH		
	混凝剂种类					
浊度	1					
	2					
	3					
	平均					

3. 混凝剂最佳量的确定

(1) 确定原水特征：测定原水的混浊度、pH 值、温度。

(2) 确定形成矾花的最小混凝剂加量。通过慢速搅拌烧杯中的 500mL 原水，并每次增加 1mL 混凝剂投加量，直至出现矾花为止。这时的混凝剂量作为形成矾花的最小投加量。

(3) 确定混凝剂的最佳投加量。根据步骤（2）确定的混凝剂最小投加量，取其 1/4 作为 1 号烧杯的混凝剂投加量，取其 2 倍作为 6 号烧杯的混凝剂投加量，用依次增加混凝剂投加量相等的方法确定 2～5 号烧杯混凝剂投加量，把混凝剂分别加入 1～6 号烧杯中。

(4) 启动搅拌器，快速搅拌 2min；慢速搅拌 10min。

(5) 关闭搅拌器，静止沉降 10min，分别从搅拌杯取上层清液进行浊度测定（每组水样测定三次），记入表 5-4 中。

表 5-4　最佳投药量实验记录

第　　　组	姓名		学号			实验日期		
原水特性:温度		℃	浊度		pH			
使用混凝剂的种类、浓度：								
水样编号		1	2	3	4		5	6
混凝剂加量/(mg/L)								
絮体沉降快慢								
处理水浊度	1							
	2							
	3							
	平均							
水力条件	快速搅拌	搅拌时间/min			转速/(r/min)			
	慢速搅拌							
沉降时间/min								

4. 混凝条件 pH 值的确定

（1）在六个搅拌杯中，分别取水样 500mL，用盐酸和氢氧化钠调节 pH 值分别为 1、3、5、7、9、11。

（2）用上面所选取的最佳混凝剂及其加量分别加入六个杯中，启动搅拌器，快速搅拌 2min；慢速搅拌 10min。

（3）关闭搅拌器，静止沉降 10min，分别从搅拌杯取上层清液进行浊度测定（每组水样测定三次），记入表 5-5 中。

表 5-5　最佳 pH 值实验记录

第＿＿＿组　　姓名＿＿＿＿＿　　学号＿＿＿＿＿　　实验日期＿＿＿＿＿

原水特性：温度＿＿＿＿＿℃　　浊度＿＿＿＿＿　　pH＿＿＿＿＿

使用混凝剂的种类、浓度：

水样编号		1	2	3	4	5	6
pH 值							
混凝剂加量/(mg/L)							
絮体沉降快慢							
处理水浊度	1						
	2						
	3						
	平均						
水力条件	快速搅拌	搅拌时间/min			转速/(r/min)		
	慢速搅拌						
沉降时间/min							

5. 数据处理

（1）根据实验数据，筛选出实验水样的最佳混凝剂。

（2）根据实验数据，绘出"处理水浊度-投加量"和"处理水浊度-pH"的关系曲线；得出最佳混凝剂投加量，混凝最佳 pH 值。

6. 实验结果与讨论

（1）从最佳投药量实验曲线，分析混凝剂投加量为什么不是越大越好？

（2）从最佳 pH 实验曲线，分析化学混凝的适宜 pH 值范围。

六、注意事项

（1）实验水样应保持均匀，取水样时应充分搅拌混合后再取样。

（2）注意混合、反应阶段的搅拌速度；保证搅拌轴放在杯的中心处，叶片在搅拌杯中的高度一样。

（3）测定处理后水样的浊度时，应注意避免搅动已沉降的矾花，同时，各烧杯抽吸的时间间隔尽量减少。

实验二　自由沉淀实验

一、实验目的

沉淀法是水处理中最基本的方法之一。它是利用水中分散相悬浮颗粒与水的密度差异，在某种外力的作用下，使之发生相对运动而分离的操作。通常在水污染控制工程中，重力沉降占据了主导地位。根据水中悬浮颗粒的凝聚性能和浓度，沉淀通常可分为四种不同的类型：自由沉淀、絮凝沉淀、成层沉淀、压缩沉淀。其中自由沉淀通常发生在水中悬浮物浓度不高的场合，沉淀过程中悬浮固体可视为互不干扰，如沉砂池中沙砾的沉淀。这些杂质颗粒的沉淀性能，一般都要通过实验测定。

本实验目的：（1）研究和探讨非絮凝性颗粒的沉降机理、特点及其规律，了解自由沉淀实验的原理和基本实验方法。

（2）通过沉淀实验，获得沉降曲线，即悬浮颗粒的去除率（E）-沉淀时间（t）和去除率（E）-沉降速度（u）关系曲线，以此获得沉淀池的设计参数。

二、实验原理

如图 5-2 所示，在水深为 H 的沉淀柱内，进行静止状态下的自由沉淀实验。沉淀时间为零，水中的悬浮物浓度为 $c_0(\text{mg/L})$，此时沉淀去除率为零。当沉淀时间为 t_1 时，从水深为 H 处取一水样，测定其悬浮物浓度为 $c_1(\text{mg/L})$，则颗粒沉速大于 $u_1 = H/t_1$ 的所有颗粒一定已通过取样点，而残余的颗粒必然具有小于 u_1 的沉速。这样，具有沉速小于 u_1 的颗粒与全部颗粒的比例为 $x_1 = c_1/c_0$。在不同的沉降时间 t_2、$t_3 \cdots$，具有沉速小于 u_2、$u_3 \cdots$ 的颗粒比例 x_2、$x_3 \cdots$ 也可求得。将这些数据整理可绘得颗粒沉速累计频率图（见图 5-3）。

图 5-2　沉淀柱

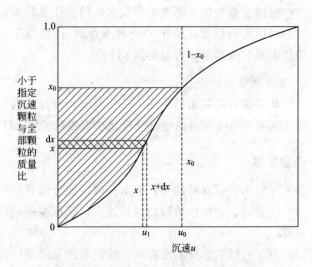

图 5-3　颗粒物沉降速度累计频率图

设 x_0 代表沉速小于 u_0 颗粒所占的百分率，于是全部悬浮颗粒中，去除的百分率可用 $(1-x_0)$ 表示。由于

$$\frac{h}{H}=\frac{ut_0}{u_0t_0}=\frac{u}{u_0}$$

所以沉速小于 u_0 的各种粒径的颗粒在沉降时间 t_0 内按 u/u_0 的比例去除。考虑到各种颗粒的粒径时，总的去除率为：

$$E=(1-x_0)+u_0\int_0^{x_0}udx$$

式中第二项可将沉淀分配曲线用图解积分法确定，如上图中的阴影部分。本实验方法是采用测定沉淀柱中部不同历时悬浮物浓度的方法，即在实验开始时，使悬浮物在水中均匀分布。随着沉淀时间 t 的增加，悬浮物在柱内的分布变得不均匀，为了测定悬浮物的浓度，严格地说，应该将实验柱中有效水深 H 的全部水样取出测定其悬浮物含量，即重深分析法。但这样工作量太大，每个沉淀柱仅能求出一个时刻的沉淀效率。为了减少工作量，同时考虑到悬浮物浓度随水深的变化，实验在 $H/2$ 处取样，并近似认为该处水样的浓度代表整个有效水深悬浮物的平均浓度，这样做在工程上是允许的，由此在沉淀柱内就可多次取样，完成沉淀曲线实验。

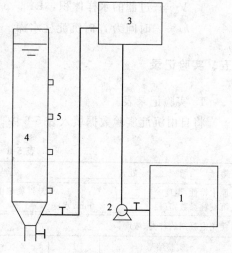

图 5-4　自由沉淀实验装置
1—配水箱；2—水泵；3—高位水箱；4—沉淀柱；5—取样口

三、实验装置和仪器

1. 本实验装置由沉淀柱、高位水箱、水泵及水样调配箱组成（见图 5-4）。

2. 真空抽滤装置或过滤装置。

3. 悬浮物定量分析所需设备，包括分析天平、带盖称量瓶、干燥器、烘箱等。

4. 实验水样：生活污水、天然气田采出水或黏土配水。

四、实验步骤

1. 启动水泵，把调配好的水样送入高位水箱。循环搅拌约 5min，使废水悬浮物分布均匀。

2. 开启沉淀柱进水阀，待沉淀柱充满水样后，关闭进水阀，即记录沉淀开始时间，此时 $t=0$。

3. 观察静置沉淀现象。

4. 当时间沉淀为 3min、5min、10min、20min、30min、60min、90min、120min 时，从中部取样口取样两次，每次 100mL（准确记下水样体积），取水样后测量工作水深的变化。

5. 将每一组沉淀时间的水样做平行实验，用滤纸抽滤（滤纸应当是已在烘箱内烘干后称量过的），过滤后，再把滤纸放入已准确称量的带盖称量瓶内，在 105～110℃烘箱内烘干

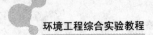

后称量滤纸的增量，即为水样中悬浮物的质量。

6. 计算不同沉淀时间 t 的水样中的悬浮物浓度 c、去除率 E，以及相应的颗粒沉速 u，画出 E-t 和 E-u 的关系曲线。

7. 数据处理：

$$悬浮物的浓度\ c(\text{mg/L}) = \frac{m_i - m}{V} \times 100$$

$$沉降速度\ u = \frac{h_i}{t_i}$$

式中　m_i——第 i 组沉淀时间的水样过滤后滤纸的衡重质量，g；

　　　m——过滤前滤纸质量，g；

　　　V——过滤的水样体积，L；

　　　h_i——时间为 t_i 时沉淀柱水深。

五、实验记录

1. 实验记录表

将自由沉淀实验数据填入表 5-6 中。

表 5-6　自由沉淀实验记录表

第____组　　　姓名_____　　　学号_____　　　实验日期_____
原水特性:温度_____℃；　　悬浮物浓度(_____mg/L);pH_____
沉淀柱参数:直径_____mm;水深_____mm
使用混凝剂的种类、浓度:_____

实验编号		1	2	3	4	5	6	7	8
取样时间									
颗粒沉速									
水样 SS /(mg/L)	1								
	2								
	平均								
小于指定沉速颗粒百分率									
沉淀效率/%									

2. 数据处理

（1）据不同沉淀时间工作水深的平均深度 H 和沉淀时间计算颗粒的沉降速度 u，以及 t 时水样中悬浮物浓度 c。

（2）绘出小于指定速度颗粒质量百分比（c_t/c_0）与颗粒的沉降速度 u（横坐标）的关系图，即颗粒沉降速度累计频率分布曲线。

3. 实验结果与讨论

（1）据颗粒沉降速度累计频率分布曲线，计算总去除率，绘出总去除率 E 与沉降速度 u 关系曲线，也称沉淀效率曲线，同时绘出总去除率 E 与沉淀时间 t 的关系曲线。

（2）分析实验所确定的沉淀曲线，如应用到沉淀池的设计，需注意什么问题？

六、注意事项

（1）原水样如需投加混凝剂，应投加在高位水箱内，混合、反应完成后进行实验；

（2）如果原水样悬浮物含量较低时，可把取样间隔时间延长。

实验三　絮凝沉淀实验

一、实验目的

絮凝沉淀过程中，悬浮颗粒会因为相互碰撞而聚集，因此在沉降过程中，颗粒的质量、形状和沉降速度是变化的，颗粒的沉降轨迹为曲线，难以用数学方法表达，需通过实验来测定。

本实验目的：（1）通过实验现象观察絮凝沉降的特点。

（2）掌握絮凝沉降实验方法和实验数据的处理方法。

二、实验原理

絮凝沉淀过程中，由于现象复杂和多变，目前尚无可行的理论公式来计算实际沉速。沉淀池设计中，表面负荷率和沉降时间这两个重要设计参数的获取，一方面可以根据经验参数来获得，另一方面，更重要的有价值的设计参数往往来自沉淀注重的静态实验数据。考虑到实际工况与实验室条件的差异，Eckenfelder 建议实际设计时表面负荷率和沉降时间关系为：

$$q = q_0/(1.25 \sim 1.75)$$
$$t = t_0/(1.5 \sim 2.0)$$

式中　q——设计表面负荷率，$m^3/(m^2 \cdot h)$；

　　　q_0——实验测定的表面负荷率，$m^3/(m^2 \cdot h)$；

　　　t——设计沉降时间，h；

　　　t_0——实验测定的沉降时间，h。

沉降柱有适当的直径和有效水深 H，实验时起始浓度在柱内应分布均匀，沉降柱底部有沉淀区。在不同的沉降时间，从不同高度取样口分别取出水样，测定悬浮物浓度（SS），计算悬浮物的去除百分率，将实验测定的去除百分率绘制于相应的深度和时间坐标上，绘出等效率曲线（见图 5-5）。根据实验获得的等效率曲线，计算获得 E-U、E-t 关系曲线。

总去除效率可由等效率曲线按下式计算：

$$E = E_0 + \frac{h_1}{H}\Delta p_1 + \frac{h_2}{H}\Delta p_2 + \frac{h_3}{H}\Delta p_3 + \cdots = E_0 + \sum_{i=1}^{n}\left(\frac{h_i}{H}\right)\Delta p_i$$

式中　E_0——沉降高度为 H，沉降时间 t_0 时的去除百分率；

　　　h_i——相邻两等效率曲线中点所对应的有效水深，m；

　　　H——沉降柱有效水深，m；

　　　Δp_i——相邻两等效率曲线差值。

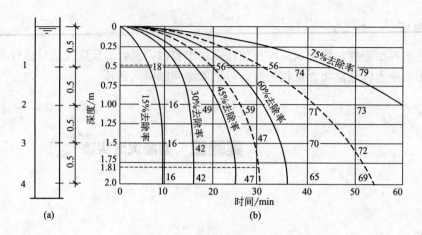

图 5-5　絮凝沉淀的等效率曲线

如图 5-5 所示，沉降时间为 30min 时 SS 总去除百分率为：

$$E = 47 + \frac{1.81}{2.0} \times (60 - 45) + \frac{0.5}{2.0} \times (75 - 60) = 64.3\%$$

三、实验装置和仪器

1. 本实验装置由沉淀柱、高位水箱、水泵及水样调配箱组成（见图 5-6）。

2. 真空抽滤装置或过滤装置。

3. 悬浮物定量分析所需设备，包括分析天平、带盖称量瓶、干燥器、烘箱等。

4. 实验水样：配制水样。

四、实验步骤

1. 在配水箱 1 中注入自来水，按 100mg/L 浓度加入油气田钻井用膨润土，混合搅拌均匀后，按 200mg/L 浓度投加 PAC 混凝剂，快速搅拌 2min。

2. 将配制好的水样泵入高位水箱 3，缓慢搅动。

3. 絮体形成稳定后，取样测 SS。打开旋塞，将高位水箱内水样注入沉降柱，水样注入到 1.8m 时，关闭旋塞开始计时沉降。

4. 沉降 10min 后，从四个取样口同时取样测定 SS。

5. 在沉降 20min、30min、40min、50min、60min、70min 各取一次水样，测定 SS。

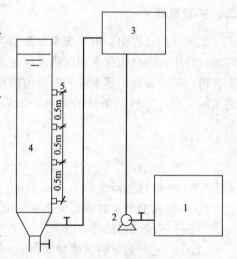

图 5-6　絮凝沉淀实验装置

1—配水箱；2—水泵；3—高位水箱；4—沉淀柱；5—取样口

五、实验记录

1. 实验记录表

将絮凝沉淀实验数据填入表 5-7 中。

表 5-7　絮凝沉淀实验记录表

第_____组　　姓名_____　　　　学号_____　　　　实验日期_____

原水特性:温度_____℃;悬浮物浓度_____mg/L
沉淀柱参数:直径_____mm;高度_____mm;水深_____mm

使用混凝剂的种类、浓度:

沉降时间/min	4 个取样口测定的 SS/(mg/L)			
	1#	2#	3#	4#
10				
20				
30				
40				
50				
60				
70				

2. 数据处理

(1) 由实验数据计算各取样点的 SS 去除百分率。

(2) 将数据点绘于水深和时间坐标中,绘出等效率曲线。

3. 实验结果与讨论

(1) 计算出 5～6 个不同沉降时间 SS 的总去除率。

(2) 计算表面负荷率(q),绘制 E-t、E-u 关系曲线。

(3) 对自由沉淀和絮凝沉淀过程进行对比分析和讨论。

六、注意事项

1. 高位水箱往沉降柱进样时,应缓慢稳定,避免强烈的扰动影响絮体的形态。

2. 实验用的沉淀柱高度应与拟设计采用的沉淀池高度相同,以减少实验数据的误差。

实验四　过滤实验

一、实验目的

利用多孔性介质(滤料),在外力的作用下实现非均相混合物机械分离的单元操作称为过滤。根据作用力的不同,可分为重力式、压差式和离心式过滤。常见的过滤方式有砂滤、硅藻土涂膜过滤、烧结管微孔过滤、金属丝纺织物过滤等。本实验过滤柱滤料为石英砂床层。

本实验目的:

(1) 熟悉过滤、反冲洗的工艺过程和实验方法。

（2）观察滤池反冲洗的工作状况，测定床层膨胀率和反冲洗强度的关系。

（3）掌握清洁砂层过滤时水头损失的变化规律。

二、实验原理

废水通过多孔性介质（即过滤介质，如滤布、金属丝网、堆积的沙粒或碎石）时，废水中的悬浮物质会被截留而分离出来。水处理中的过滤单元操作通常以深层过滤为主，过滤在介质内部进行，介质表面一般无滤饼形成。过滤操作过程包括过滤和反冲洗，当过滤一段时间后，床层的压降增大，此时需要对滤床进行反冲洗。实验在一定结构的过滤床层中，测定废水过滤时水头损失与时间、出水水质与时间、反冲洗强度与床层膨胀率的相互关系。

反冲洗开始时承托层、滤料层未完全膨胀，相当于滤池处于反向过滤状态。当反冲洗速度增大后，滤料层完全膨胀，处于流态。根据滤层膨胀前后的厚度可求出其膨胀率：

$$e = \frac{L - L_0}{L_0} \times 100\%$$

式中　L——砂层膨胀后厚度，cm；

　　　L_0——砂层膨胀前厚度，cm。

膨胀率 e 值的大小直接影响了反冲洗效果。而反冲洗的强度大小决定了滤料层的膨胀率，反冲洗强度 q 为单位面积上的流量 $[L/(s \cdot m^2)]$。

废水进行过滤时，在操作周期内间隔一定时间通过测压管测定各滤层的水头损失，确定整个床层的压力降随时间的变化关系，同时用浊度仪监测出水的水质。

三、实验装置和仪器

1. 本实验装置见图5-7，由过滤柱、转子流量计、测压管、水泵等组成；过滤柱内装填石英砂滤料。

2. 主要的参数：有机玻璃过滤柱 $d=110$mm，$L=2000$mm。

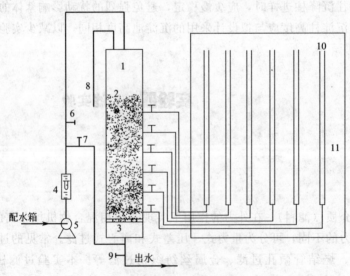

图 5-7　过滤实验装置示意图

1—过滤柱；2—滤料层；3—承托层；4—转子流量计；5—水泵；6—过滤进阀；7—反冲洗进水阀；
8—反冲洗出水管；9—过滤出水阀门；10—测压板；11—测压管

测压管为玻璃管，$\phi 10 \times 3200mm$。

3. 实验仪器：浊度仪、秒表、温度计、钢尺等。

4. 实验水样：配制水样。

四、实验步骤

1. 实验准备

（1）熟悉过滤实验设备、滤料特点、过滤层结构、承托层、反冲洗与配水系统、转子流量计、整个过滤工艺的运行管路系统。

（2）熟悉测压管的读数及浊度仪的使用。

2. 过滤水头损失测定

（1）开启阀门 7 冲洗滤层 1min。

（2）关闭阀门 7，开启阀门 6、9 快滤 5min 使砂面保持稳定。

（3）调节阀门 6、9，使出水流量约 8～10mL/s（即相当于过滤柱中滤速约 4m/h），开启测压管阀门，等测压管中水位稳定后，记下滤柱测压管中水位值和出水的浊度（$t=0$）。

（4）每隔 20min 测进、出水水量，出水的浊度，同时记录测压管中的水位高度。

（5）当水头损失达到一定程度后，结束过滤，记下运行时间（实验操作时间为 1.5～2.0h）。实验数据记录入表 5-8。

3. 滤层反冲洗与膨胀率关系

（1）量出滤层厚度 L_0，关闭阀门 6、9，慢慢开启反冲洗进水阀门 7，使滤料刚刚膨胀起来，待滤层表面稳定后，记录反冲洗流量和滤层膨胀后的厚度 L。

（2）开大反冲洗阀门 7，变化反冲洗流量，按步骤（1）测出反冲洗流量和滤层膨胀后的厚度 L。

（3）改变反冲洗流量 6～8 次，直至最后一次砂层膨胀率达 100% 为止。测出反冲洗流量和滤层膨胀后的厚度 L，记入表 5-8。

表 5-8 过滤实验数据记录表

第_____组 姓名_____ 学号_____ 实验日期_____
原水特性：温度_____℃；浊度_____；pH_____

过滤水头损失实验数据

过滤时间/min	流量 Q /(mL/s)	测压管水头/cm						出水浊度
		管 1	管 2	管 3	管 4	管 5	管 6	
0								
20								
40								
60								
80								
120								

滤层反冲洗实验数据
滤床直径：110mm；反冲洗前滤层厚度 $L_0=$_____cm

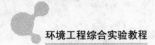

续表

实验序号	反冲洗流量 /(mL/s)	反冲洗强度 q /[L/(s·m²)]	膨胀后滤层厚度 L /cm	滤层膨胀率 /%
1				
2				
3				
4				
5				
6				

五、实验记录

1. 实验记录表

见表 5-8。

2. 数据处理

(1) 绘制过滤水头损失和过滤时间关系曲线。

(2) 绘制过滤出水水质和过滤时间。

(3) 绘制反冲洗强度与膨胀率关系曲线。

3. 实验结果与讨论

(1) 根据实验数据,分析过滤时间对出水水质、床层压降的影响。

(2) 讨论反冲洗强度与床层膨胀率的关系。

六、注意事项

1. 过滤实验开始前,测压管旋塞应关闭,待滤层中应保持一定水位,再轻轻打开旋塞,系统操作稳定后读取数据。

2. 反冲洗时,应缓慢开启阀门 7,避免冲洗强度过大将滤料冲出过滤柱;滤层膨胀后厚度的测量应在系统稳定后测量,连续测量三次取平均值。

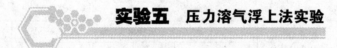

实验五　压力溶气浮上法实验

一、实验目的

浮上法是一种有效的固-液和液-液分离方法,常用于对那些颗粒密度接近或小于水的细小颗粒的分离,在石油、石化含油污水的油水分离中得到了广泛的应用。该法工艺必需的工艺条件为:向水中提供足够量的微气泡;污水中的污染物质呈悬浮状态;微气泡能与悬浮物质相黏附。因此,污水中悬浮颗粒的性质和浓度、微气泡的数量和直径等多种因素都对气浮效率有影响,气浮处理系统的设计运行参数常要通过实验确定。

本实验目的:(1) 了解压力溶气浮上法污水处理的工艺流程。

（2）掌握浮上法工艺主要设计参数气固比的实验确定方法。

二、实验原理

按微细气泡的产生方法，浮上法工艺分为：压力溶气浮上法、电解浮上法、分散空气浮上法、溶解空气浮上法等。其中，压力溶气浮上法应用最广。空气在加压的条件下溶解于水，然后通过减压使过饱和的空气以细微气泡形式释放出来。压力溶气浮上法有三种基本流程：全溶气流程、部分溶气流程和回流溶气流程。本实验采用的压力溶气流程为回流加压、射流溶气工艺。

用水泵将污水在溶气罐中增压至 0.2～0.4MPa，空气通过射流器加入，增压的溶气污水在气浮池内通过加压装置减压，压力突然降低后，溶解于污水中的空气以微气泡的形式从水中释放出来，黏附在悬浮颗粒上上浮至气浮池表面，通过刮渣机实现与液体的分离。

颗粒相对于水相的运动速度可由 Stockes 关系式描述：

$$u = \frac{d^2(\rho_水 - \rho_粒)g}{18\mu}$$

式中　d——污水中颗粒的粒径，m；

　　$\rho_水$——水的密度，kg/m³；

　　$\rho_粒$——固相颗粒密度，kg/m³；

　　μ——水的黏度。

由上式可知，黏附于悬浮颗粒上的气泡越多，密度差（$\rho_水 - \rho_粒$）越大，悬浮颗粒的特征直径也越大，有利于颗粒上浮速度的增加，从而提高分离效率。

水中悬浮颗粒浓度越高，气浮时需要的微细气泡数量越多，通常以气固比表示单位重量悬浮颗粒需要的空气量。气固比与操作压力，悬浮固体的浓度、性质有关，气固比可按下式计算：

$$\frac{A}{S} = \frac{1.3C_a(fP_0 + 14.7f - 14.7)q_{vR}}{14.7q_v\rho_{si}}$$

式中　$\dfrac{A}{S}$——气固比，g 释放的空气/g 悬浮固体；

　　1.3——1mL 空气的质量，mg；

　　C_a——某温度下的空气溶解度，mL/L；

　　f——水中的空气溶解度系数，0.5～0.8（通常取 0.5）；

　　P_0——表压，kPa；

　　q_{vR}——加压水回流量，m³/h；

　　q_v——污水流量，m³/h；

　　ρ_{si}——入流废水中的悬浮固体浓度，mg/L。

常压下空气在水中的平衡溶解度见表 5-9。

表 5-9　常压下空气在水中的平衡溶解度

温度/℃	0	5	10	15	20	25	30
溶解度/(mg/L)	37.55	32.48	28.37	25.09	22.40	20.16	18.14
溶解度/(mL/L)	29.18	25.69	22.84	20.56	18.68	17.09	15.04

出流水中的悬浮固体浓度和浮渣中的悬浮固体浓度与气固比的关系曲线见图 5-8。在一定的范围内，气浮效果随气固比的增大而增大，即气固比越大，出水悬浮固体浓度越低，浮

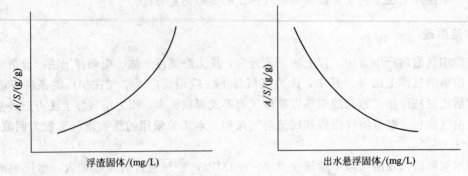

图 5-8　气固比对浮渣固体浓度和出水悬浮固体浓度影响

渣中的悬浮固体浓度越高。

三、实验装置和仪器

1. 气浮实验装置由压力溶气系统、空气释放系统和气浮池组成，包括了吸水池、水泵、射流器、溶气罐、溶气释放器、气浮池、刮渣机等构件，其结构示意见图 5-9。

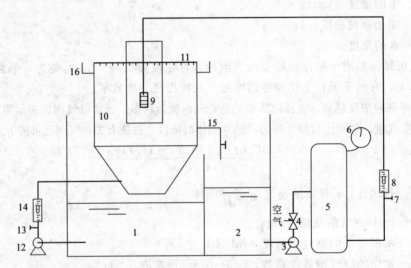

图 5-9　压力溶气气浮实验装置

1—配水罐；2—吸水池；3—水泵；4—射流器；5—压力溶气罐；6—压力表；7—溶气
水阀；8—溶气水流量计；9—溶气释放器；10—气浮池；11—刮渣机；12—污水泵；
13—污水阀；14—污水转子流量计；15—出水管；16—浮渣收集槽

2. 实验仪器：循环水真空泵、抽滤装置、电子天平、烘箱、干燥器、量筒等。

3. 水样：配制水样。

四、实验步骤

1. 水样配制：在配水罐 1 中配制黏土水样，投加混凝剂形成松散、体积较大的絮体。

2. 启动污水泵 12，将污水打入气浮池 10 中。

3. 开启水泵 3，将水打入溶气罐 5 中，射流器 4 引气，加压溶气形成溶气水（建议溶气罐的操作压力控制在 0.3MPa 左右）。

4. 压力稳定后，开启阀门 7，由流量计 8 控制溶气水的流量，得到操作回流比。

5. 通过溶气释放器 9，在气浮池中实现气浮操作（释放气在气浮池中呈雾状）。

6. 开启刮渣机 11，浮渣收集于浮渣收集槽 16 中，净化后污水由出水管 15 回收入吸水池 2 中。

7. 系统操作稳定后，测定出水悬浮固体浓度，由转子流量计读数计算操作气固比。

8. 调节流量计 14、8，在不同的回流比下进行气浮实验。实验选用的回流比数至少要有 5 个，可按 0.2、0.4、0.6、0.8、1.0 进行实验安排。

五、实验记录

1. 实验记录表

见表 5-10。

表 5-10 加压溶气气浮实验记录表

第_____组　　姓名_____　　　　　　　学号_____　　　　实验日期_____
污水水温_____℃　　悬浮物浓度 ρ_{si} _____mg/L
气　　温_____℃　　溶气水温_____℃　　　空气溶解度 C_a _____mL/L
溶气罐的工作压力_____kPa（表压）

实验编号		1	2	3	4	5	6	7
回流比								
出水悬浮固体浓度/(mg/L)	1							
	2							
	平均							
气固比(A/S)								
SS 去除率/%								
备　注								

2. 数据处理

（1）绘制气固比与出水悬浮固体浓度关系曲线。

（2）绘制气固比与 SS 去除率关系曲线。

3. 实验结果与讨论

（1）根据实验数据，分析气固比对气浮作用效果的影响。

（2）讨论溶气罐工作压力对溶气效率的影响。

六、注意事项

1. 压力溶气罐为带压设备，必须按照操作程序进行实验操作，注意罐内压力控制并保持罐内压力稳定。

2. 注意水泵的开启和关闭程序。

3. 转子流量计应轻开、轻关，避免转子冲击造成设备的损坏。

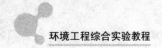
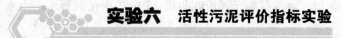

实验六　活性污泥评价指标实验

一、实验目的

活性污泥法是处理城市污水应用最广泛的处理过程。通过微生物的新陈代谢，可将污水中呈溶解态和胶态的可生物降解的有机物去除，同时也能部分去除磷和氮类无机化合物。类似的工业废水也可应用活性污泥法处理。活性污泥在显微镜下观察，为褐色的絮状物，它是由大量的细菌、真菌、原生动物和后生动物组成的一个特定的生态系统，通常具有大的表面积和强烈的吸附和氧化能力，沉降性能良好。活性污泥性能的好坏，将直接关系到废水中污染物的去除效果，污水处理厂技术人员需要经常观察和测定活性污泥的组成和絮凝、沉降性能，以便及时了解曝气池中活性污泥的工作状况，从而预测处理出水的好坏。

本实验目的：（1）观察活性污泥状态，活性污泥的沉降现象。

（2）掌握 SV、SVI、MLSS、MLVSS 的测定和计算方法。

二、实验原理

活性污泥的性能指标包括：混合液悬浮固体浓度 MLSS、混合液中挥发性悬浮固体浓度 MLVSS、污泥沉降比 SV、污泥体积指数 SVI 等。

混合液悬浮固体浓度（MLSS）又称混合液污泥浓度。它表示曝气池单位容积混合液内所含活性污泥固体物质的总质量，由活性细胞（M_a）、内源呼吸残留的不可生物降解的有机物（M_e）、入流水中生物不可降解的有机物（M_i）和入流水中的无机物（M_{ii}）4 部分组成。混合液中挥发性悬浮固体浓度（MLVSS）表示混合液活性污泥中有机性固体物质部分的浓度，即由 MLSS 中的前三项组成。活性污泥净化废水靠的是活性细胞（M_a），当 MLSS 一定时，M_a 越高，表明污泥的活性越好，反之越差。MLVSS 不包括无机部分（M_{ii}），所以用其来表示活性污泥的活性数量上比 MLSS 为好，但它还不能真正代表活性污泥微生物（M_a）的量。这两项指标虽然在代表混合液生物量方面不够精确，但测定方法简单易行，也能够在一定程度上表示相对的生物量，因此广泛用于活性污泥处理系统的设计、运行。对于生活污水和以生活污水为主体的城市污水，MLVSS 与 MLSS 的比值在 0.75 左右。

性能良好的活性污泥，除了具有去除有机物的能力以外，还应有好的絮凝沉降性能。活性污泥的絮凝沉降性能，可用污泥沉降比（SV）和污泥体积指数（SVI）这两项指标来加以评价。污泥沉降比是指曝气池混合液在 100mL 筒中沉淀 30min，沉淀污泥体积与混合液体积之比，用百分数（％）表示。一般生活污水和城市污水的 SV 为 15％～30％。

污泥体积指数是指曝气池混合液经 30min 沉淀后，每克干污泥所占的污泥层容积，以 mL 计，即 mL/g。SVI 反映了活性污泥的凝聚沉淀性能。SVI 较高，表明污泥沉降性能较差；SVI 较小，污泥颗粒密实，污泥老化，沉降性能好。但 SVI 过低，则污泥矿化程度高，活性及吸附性都较差。当 SVI<100 时，污泥沉降性能良好；当 SVI＝100～200 时，沉降性能一般；而当 SVI>200 时，沉降性能较差，污泥易膨胀。一般城市污水的 SVI 在 100 左右。

三、实验装置与设备

1. 模拟曝气池（图 5-10），配溶解氧仪，电机表面曝气。

2. 马福炉、烘箱、干燥器。

3. 分析仪器：循环水真空泵、抽滤装置、电子分析天平、瓷坩埚、称量瓶。

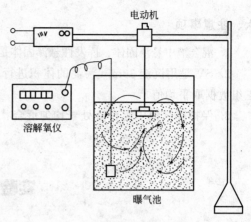

图 5-10　模拟曝气池

四、实验步骤

1. 称量瓶编号，放入定量中速滤纸在 $103\sim105℃$ 的烘箱中烘 2h，干燥器中冷却 30min 后称重，质量 m_1(g)。

2. 将已编号的瓷坩埚放入马福炉中，在 $600℃$ 温度下灼烧 30min，取出瓷坩埚，放入干燥器中冷却 30min，在电子天平上称重，记下坩埚编号和质量 m_2(g)。

3. 用 100mL 量筒量取曝气池混合液 100mL(V_1)，静止沉淀 30min，观察活性污泥在量筒中的沉降现象，到时记录下沉淀污泥的体积 V_2(mL)。

4. 取 100mL 曝气池混合液，从已知编号和已称取质量的称量瓶中取出滤纸过滤，过滤后的污泥连滤纸放入原称量瓶中，在 $103\sim105℃$ 的烘箱中烘 2h，放入干燥器中冷却 30min，称量，质量 m_3(g)。

5. 取出称量瓶中已烘干的污泥和滤纸，放入已编号和已称量的瓷坩埚中，在 $600℃$ 温度下灼烧 30min，取出瓷坩埚，放入干燥器中冷却 30min，称量，质量 m_4(g)。

五、实验记录

1. 实验记录表（表 5-11）

表 5-11　活性污泥评价指标实验记录表

第_____组　　　　姓名_____　　　学号_____　　　实验日期_____
曝气池溶解氧_____mg/L

沉淀污泥的体积 V_2/mL							
称量瓶称重/g				瓷坩埚称重/g			挥发分质量/g
编号	m_1	m_3	m_3-m_1	编号	m_2	m_4	m_4-m_2	$(m_3-m_1)-(m_4-m_2)$
SV/%				SV=$V_2/V_1\times100\%$				
MLSS/(g/L)				MLSS=$(m_3-m_1)/V_1\times1000$				
MLVSS/(g/L)				MLVSS=$[(m_3-m_1)-(m_4-m_2)]/V_1\times1000$				
SVI/(mL/g)				SVI=$V_2/(m_3-m_1)$				

2. 实验结果与讨论

(1) 讨论 SVI、SV、MLSS 之间的相互关系。

(2) 根据 SVI 实验值，评价模拟曝气池污泥的沉降特性。

(3) 根据课堂教学中介绍的活性污泥性能指标范围，分析模拟曝气池各性能指标。

六、注意事项

1. 混合液中悬浮固体、挥发性悬浮固体是利用重量法检测的，实验中应注意称量至恒重。

2. SV 是用沉淀 30min 污泥的体积进行计算，为减少误差，量筒应保持静止，连续读取三组数据取平均值。

3. 保持曝气池中混合液处于均匀混合状态。

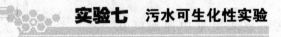

实验七　污水可生化性实验

一、实验目的

污水中有难生物降解的有机物、抑制或毒害微生物生长的物质，或者缺少微生物所需要的营养物质及环境条件等，都可能造成生化处理法不能正常进行。因此，在没有现成的科研成果或生产运行资料可以借鉴时，需要实验来考察这些污水生物处理的可能性，研究它们进入生物处理系统后可能产生的影响，或某些进入生物处理设备的允许浓度等。

本实验目的：（1）了解污水可生化性的含义。

（2）掌握通过测定微生物呼吸速率曲线研究污水可生化性的实验方法。

二、实验原理

微生物降解有机污染物的物质代谢过程中所消耗的氧包括两部分：①氧化分解有机污染物，使其分解为 CO_2、H_2O、NH_3（存在含氮有机物时）等，为合成新细胞提供能量；②供微生物进行内源呼吸，使细胞物质氧化分解。物质代谢过程关系可表示如下：

合成：

$$8CH_2O + 3O_2 + NH_3 \longrightarrow C_5H_7NO_2 + 3CO_2 + 6H_2O$$

$$\left(\begin{array}{l} 3CH_2O + 3O_2 \longrightarrow 3CO_2 + 3H_2O + 能量 \\ 5CH_2O + NH_3 \longrightarrow C_5H_7NO_2 + 3H_2O \end{array} \right)$$

从上反应式可以看出，约 1/3 的 CH_2O（酪蛋白）被微生物分解，为合成新细胞提供能量，这一过程要消耗氧。

内源呼吸：

$$C_5H_7NO_2 + 5O_2 \longrightarrow 5CO_2 + NH_3 + 2H_2O$$

上式可计算出内源呼吸过程氧化 1g 微生物需要的氧为 1.42g。微生物进行物质代谢过程的需氧速率可以用下式表示：

总的需氧速率＝合成细胞的需氧速率＋内源呼吸的需氧速率，即

$$\left(\frac{dO}{dt} \right)_T = \left(\frac{dO}{dt} \right)_F + \left(\frac{dO}{dt} \right)_e$$

式中　$\left(\dfrac{dO}{dt} \right)_T$ ——总的需氧速率，$mg/(L \cdot min)$；

$\left(\dfrac{\mathrm{d}O}{\mathrm{d}t}\right)_{\mathrm{F}}$——降解有机物，合成新细胞的耗氧速率，mg/(L·min)；

$\left(\dfrac{\mathrm{d}O}{\mathrm{d}t}\right)_{\mathrm{e}}$——微生物内源呼吸需氧速率，mg/(L·min)。

如果污水对微生物生长无毒害抑制作用，微生物与污水混合后会立即大量摄取有机物合成新细胞，同时消耗水中的溶解氧。溶解氧的吸收量（即消耗量）与水中的有机物浓度有关，实验开始时，间歇进料生物反应器内有机物浓度较高，微生物吸收氧的速率较快，以后，随着有机物浓度的逐渐去除，氧吸收速度也逐渐减慢。如果污水中的某一种或几种组分对微生物的生长有毒害抑制作用，微生物与污水混合后，其降解利用有机物的速率便会减慢或停止，利用氧的速度也将减慢或停止（见图 5-11）。因此，我们可以通过实验测定活性污泥的呼吸速率，用氧吸收量累计值与时间的关系曲线来判断某种污水生物处理的可能性，或某种有毒有害物质进入生物处理设备的最大允许浓度。

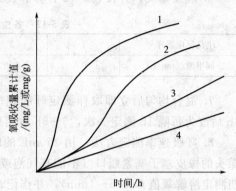

图 5-11　不同物质对氧吸收影响
1—易降解；2—经驯化后能降解；
3—内源呼吸；4—有毒

污水可生化性实验方法有：①测定污水的 BOD 与 COD 的比值；②摇床或模型实验测定 BOD 和 COD 的去除效率；③ATP、脱氢酶的活性的测定；④测定活性污泥的呼吸速率等。本实验通过测定微生物呼吸速率曲线研究污水可生化性。

三、实验装置与设备

1. 可生化性实验装置（图 5-12）：生化反应器、鼓风机、微孔曝气头等。

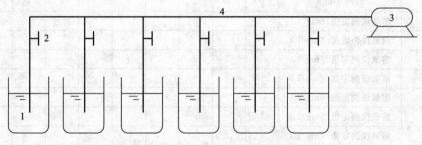

图 5-12　工业污水可生化性实验装置
1—生化反应器；2—旋塞；3—鼓风机；4—空气管线

2. 溶解氧测定仪器：溶解氧测定仪、电磁搅拌器、250mL 广口瓶（根据溶解氧探头大小确定瓶子尺寸）、秒表。

3. 水样：模拟配制水样。

四、实验步骤

1. 从城市污水厂曝气池出口取回活性污泥混合液（或实验室培养活性污泥），搅拌均匀后，加自来水，使污泥浓度为 1～2g/L，在 6 个反应器内分别加入 500mL 活性污泥混合液。

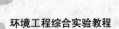

2. 开启风机，曝气 1～2h，使微生物处于饥饿状态。

3. 除欲测内源呼吸速率的 1 号反应器以外，其他 5 个反应器都停止曝气。

4. 静置沉淀，待反应器内污泥沉淀后，用针筒吸去除上层清液。

5. 在 2～6 号反应器内加入一定量的实验污水至 1000mL 刻度线。

6. 继续曝气，并按表 5-12 计算和投加间甲酚。

表 5-12　各生化反应器内加间甲酚浓度

生化反应器序号	1	2	3	4	5	6
间甲酚/(mg/L)	0	100	300	500	700	900

7. 混合均匀后立即取样测定呼吸速率（dO/dt），以后每隔 30min 测定一次呼吸速率，3h 后改为每隔 1h 测定一次，5～6h 后结束实验。

8. 呼吸速率测定方法：用 250mL 的广口瓶取反应器内混合液 1 瓶，迅速用装有溶解氧探头的橡皮塞子塞紧瓶口（不能有气泡或漏气），将瓶子放在电磁搅拌器上启动搅拌器，定期测定溶解氧值 $C(0.5～1min)$，并作记录。然后以 C 与 t 作图，所得直线的斜率即微生物的呼吸速率。

五、实验记录

1. 实验记录表（表 5-13）

表 5-13　污水可生化性实验

第____组　　　姓名_____　　　学号_____　　　实验日期_____

反应器序号_____　　间甲酚投加浓度_____mg/L　　污泥浓度_____g/L

dO/dt 实验记录

取样时间/h	溶解氧测定										
	时间 θ/min	0	1	2	3	4	5	6	7	8	9
0	溶氧仪测定值/(mg/L)										
0.5	溶氧仪测定值/(mg/L)										
1.0	溶氧仪测定值/(mg/L)										
1.5	溶氧仪测定值/(mg/L)										
2.0	溶氧仪测定值/(mg/L)										
2.5	溶氧仪测定值/(mg/L)										
3.0	溶氧仪测定值/(mg/L)										
4.0	溶氧仪测定值/(mg/L)										
5.0	溶氧仪测定值/(mg/L)										

氧吸收量累计值计算

序号 n	1	2	3	4	5	6	7	8	9
取样时间 t/h	0	0.5	1.0	1.5	2.0	2.5	3.0	4.0	5.0
$\dfrac{dO}{dt}$/[mg/(L·min)]									
$\dfrac{dO}{dt} \times t$/(mg/L)	—								
O_u/(mg/L)	—								

2. 数据处理

（1）以溶解氧测定值为纵坐标，时间 θ 为横坐标作图，所得直线的斜率即为 dO/dt（做 5h 测定可得到 9 个 dO/dt 值）。

（2）氧吸收量累计值 O_u 参考下式计算：

$$\left(\frac{dO}{dt} \times t\right)_n = \frac{1}{2}\left[\left(\frac{dO}{dt}\right)_n + \left(\frac{dO}{dt}\right)_{n-1}\right] \times (t_n - t_{n-1})$$

$$(O_u)_n = (O_u)_{n-1} + \left(\frac{dO}{dt} \times t\right)_n$$

计算时 $n = 2, 3, 4\cdots$

（3）以氧吸收量累计值 O_u 为纵坐标，时间 t 为横坐标作图，得到间甲酚对微生物氧吸收过程的影响曲线。

3. 实验结果与讨论

（1）每组同学完成一个生化反应器一个浓度的微生物氧吸收过程的影响曲线。

（2）每组同学将内源呼吸线和测定的间甲酚浓度对微生物氧吸收过程影响曲线在同一个坐标图中绘制，评价其可生化性。

（3）将不同高浓度的间甲酚对微生物氧吸收过程影响曲线和内源呼吸线在同一个坐标图中绘制，评价不同浓度的间甲酚对可生化性的影响。

六、注意事项

1. 间甲酚为有毒、刺激性气味有机溶液，注意取样过程中不要溅到皮肤上和眼中，如不小心接触到皮肤，立即用大量清水冲洗。

2. 本实验需六个组同学配合完成，故各生化反应器的活性污泥混合液量应相等，以保证各反应器的实验结果有可比性。

3. 测定呼吸速率时，应充分搅拌使反应器内活性污泥浓度保持均匀，同时注意测量瓶不能漏气；反应器内的溶解氧建议维持在 $6\sim7mg/L$。

实验八　曝气设备氧的总转移系数的测定

一、实验目的

构成活性污泥法的三要素为：活性污泥、微生物营养介质和溶解氧。活性污泥法处理过程中的充氧和混合由曝气设备来完成。曝气设备氧的总转移系数 K_{La} 通常是通过实验来测定的，用以评价曝气设备的供氧能力和动力效率。

本实验目的：（1）掌握空气扩散系统中氧的总转移系数测定的测定方法。

（2）加深对双膜理论机理的认识及其影响因素的理解。

二、实验原理

本实验采用静态（非稳态）测试方法测试曝气设备的充氧能力，测定氧的总转移系数 K_{La}。氧由空气相传递进入液相的机理用 Whiteman 双膜理论来解释。按照 Whiteman 双膜理论，在传质的气液两相界面处，分别存在停滞的气膜和液膜，溶质氧气分子只能以分子扩散的形式穿过这两层膜，传质界面上气液两相达到平衡状态。氧气做为难溶气体，由空气传质转移到水相中时，整个传质过程受液膜控制，即液膜中氧的传质转移速率是氧扩散转移全过程的控制速率。

氧的转移速率为：

$$\frac{d\rho}{dt} = K_{La}(\rho_{s0} - \rho)$$

式中　$\dfrac{d\rho}{dt}$——氧转移速率，$mgO_2/(L \cdot h)$；

　　　K_{La}——氧的总转移系数，h^{-1}；

　　　ρ_{s0}——液相氧的饱和浓度，mgO_2/L；

　　　ρ——相应于某一时刻 t 液相溶解氧浓度，mgO_2/L。

将上式积分：

$$\int_0^\rho \frac{d\rho}{\rho_{s0} - \rho} = K_{La} \int_0^t dt$$

$$\ln(\rho_{s0} - \rho) = -K_{La}t + \ln\rho_{s0}$$

通过实验测定 ρ_{s0}、相应于某一时刻 t 液相溶解氧浓度 ρ，在半对数坐标上，绘制 $\ln(\rho_{s0} - \rho)$ 与 t 的关系曲线，其斜率即氧的总转移系数 K_{La}。

三、实验装置及设备

1. 实验装置见图 5-13。

2. 主要设备和仪器包括：玻璃水槽、电动搅拌器、温度控制、曝气装置、空压机、流量计等。

3. 实验水样：自来水（清水）。

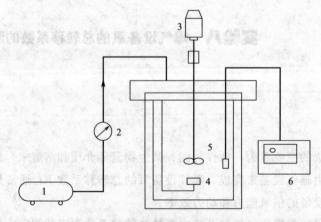

图 5-13　曝气设备氧的总转移系数的测定实验装置

1—空压机；2—空气流量计；3—搅拌器；4—空气砂芯曝气头；5—玻璃水槽；6—溶氧仪

四、实验步骤

1. 向玻璃水槽内注入清水（自来水），测定水样体积 $V(\mathrm{m}^3)$ 和水温 $t(\mathrm{℃})$；

2. 连续曝气 1h，用溶解氧测定仪测定实验条件下自来水的溶解氧饱和值 ρ_{s0}；

3. 计算脱氧剂 Na_2SO_3 和催化剂 $CoCl_2$ 的投加量

$$Na_2SO_3 + \frac{1}{2}O_2 \xrightarrow{CoCl_2} Na_2SO_4$$

Na_2SO_3 实际投加量为理论值的 $150\% \sim 200\%$，故 Na_2SO_3 投加量为：

$$W_1 = V \times \rho_{s0} \times 7.9 \times (150\% \sim 200\%)$$

式中　7.9——每去除 1mg 溶解氧需要投加 7.9mg Na_2SO_3。

催化剂 $CoCl_2$ 按维持 Co^{2+} 浓度 $0.05 \sim 0.5\mathrm{mg/L}$ 计算：

$$W_2 = V \times (0.05 \sim 0.5) \times \frac{129.8}{58.9}$$

式中　129.8——$CoCl_2$ 的相对分子质量；

58.9——Co 的相对原子质量。

4. 将 Na_2SO_3 和 $CoCl_2$ 溶解后倒入水中，开动搅拌叶轮轻微搅动使其混合，进行脱氧。

5. 当清水脱氧至零时，开启鼓风曝气系统进行曝气，并计时。每隔 0.5min 测定一次溶解氧值，直到溶解氧达到饱和为止。

五、实验记录

1. 实验记录表（表 5-14）

表 5-14　曝气设备氧的总转移系数的测定实验

第＿＿＿＿组　姓名＿＿＿＿＿＿＿　学号＿＿＿＿＿　实验日期＿＿＿＿＿

曝气池模型参数:内径＿＿＿＿mm　　　高度＿＿＿＿mm
曝气实验条件:实验水样体积＿＿＿＿m³;水温＿＿＿＿℃;气压＿＿＿＿kPa
　　　　　　实验水样溶解氧饱和值 ρ_{s0} ＿＿＿＿mg/L;
　　　　　　Na_2SO_3 投加量＿＿＿g;$CoCl_2$ 投加量＿＿＿g

曝气时间/min	0.5	1.0	1.5	...		
溶解氧 $\rho/(\mathrm{mg/L})$						
$(\rho_{s0}-\rho)/(\mathrm{mg/L})$						
$\ln(\rho_{s0}-\rho)$						

2. 数据处理

(1) 以 $\ln(\rho_{s0}-\rho)$ 为纵坐标，时间图为横坐标，绘制实验曲线。直线的斜率为氧的总转移系数 K_{La} (h^{-1})。

(2) 计算曝气设备的充氧能力：

$$OC = K_{La(20℃)} \times \rho_{s0} \times V / 1000$$

式中　OC——曝气设备的充氧能力，kg/h；

$K_{La(20℃)}$——20℃条件下，氧的总转移系数，h^{-1}。

3. 实验结果与讨论

(1) $K_{La(20℃)}$ 如何来确定？

（2）分析讨论溶解氧测点的布置对实验结果的影响。

六、注意事项

1. 实验室模型曝气池体积较小，故溶解氧的测点只需布置 1 个。

2. 鼓风曝气系统应保持供气量的稳定，即空气流量计的计量应相对恒定。

实验九　生物滤池处理效率系数的确定

一、实验目的

生物滤池是生物膜法好氧生物处理工艺，主要去除污水中溶解性有机污染物，由布水系统、滤床、排水系统构成。影响生物滤池性能的因素很多，包括处理过程中的污水性质、滤池特性、布水方式、生化反应速率、滤池高度等，目前尚无全面完善的数学模型描述各因素间的相互关系。生物滤池主要的设计参数通常需要借助实验来获得。

本实验目的：（1）掌握反映生物滤池处理效率系数 K 的实验方法。

（2）了解生物膜的培养方法。

（3）加深对生物膜法处理工艺的理解。

二、实验原理

生物滤池的不同深度有机污染物的浓度不同，污染物浓度的下降率（每单位滤床高度去除的污染物量）与该污染物的浓度呈正比，即

$$\frac{d\rho_s}{dh} = -K\rho_s$$

积分上式：

$$\ln \frac{\rho_s}{\rho_{s0}} = -Kh$$

式中　K——反映生物滤池处理效率的系数；

　　　ρ_{s0}——滤池进水污染物浓度（BOD_5），mg/L；

　　　ρ_s——滤床深度 h 处污染物浓度（BOD_5），mg/L。

反映生物滤池处理效率的系数 K 与污水性质、滤池特征、滤率、布水方式等有关，可表示为：

$$K = K'\rho_{s0}^m (q_V/A)^n$$

式中　q_V/A——生物滤池的水力负荷，$m^3/(m^2 \cdot d)$；

　　　K'——与进水水质、滤率有关的系数；

　　　m——与进水水质有关的系数；

　　　n——与滤池特性、滤率有关的系数。

由上两式得：

$$h = \frac{\ln(\rho_{s0}/\rho_s)}{K'\rho_{s0}^m(q_V/A)^n}$$

无回流滤池，$h = h_0$ 时，$\rho_s = \rho_{se}$。采用回流生物滤池（图 5-14），考虑回流量的影响：

$$\rho_{s0} = \frac{\rho_{si} + r\rho_{se}}{1 + r}$$

式中　ρ_{se}——滤池出水污染物浓度（BOD_5），mg/L；

$\quad\quad\rho_{si}$——滤池入流原污水污染物浓度（BOD_5），mg/L。

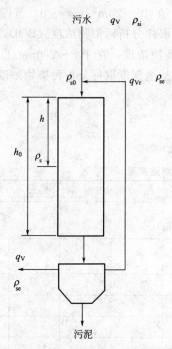

图 5-14　生物滤池示意图

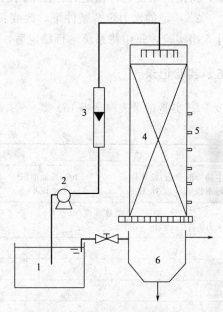

图 5-15　生物滤池实验装置示意图
1—污水池；2—水泵；3—流量计；4—生物
滤池；5—取样口；6—二沉池

本实验在无回流条件下进行：

$$\ln(\rho_s/\rho_{s0}) = -K'\rho_{s0}^m(q_V/A)^n h$$

（1）改变生物滤池水力负荷 q_V/A 和 ρ_{s0}，每一组在滤池的不同深度 h 取样分析 ρ_s，以 $\ln(\rho_s/\rho_{s0})$ 与 h 作图，其斜率为 $slope = K'\rho_{s0}^m(q_V/A)^n$，做 5～9 组实验，可获得 5～9 组斜率数据。

（2）以 q_V/A 为变量

$$\ln slope = \ln(K'\rho_{s0}^m) + n\ln(q_V/A)$$

直线斜率为系数 n。

（3）以 ρ_{s0} 为变量

$$\ln slope = m\ln(\rho_{s0}) + \ln[K'(q_V/A)^n]$$

直线斜率为 m。

（4）通过确定的系数 m、n 而确定系数 K'。

（5）确定反映生物滤池处理效率的系数 K。

三、实验装置及设备

1. 实验装置见图 5-15。

2. 主要设备和仪器包括：BOD 分析仪、生物显微镜、烧杯等。

3. 实验水样：城市污水，BOD$_5$ 为 100～200mg/L。

四、实验步骤

1. 挂膜：取城市污水处理厂活性污泥，混合在污水中。用泵提升污水，小流量 [1～3m^3/(m^2·d)] 运行生物滤池，运行过程中沉淀池中的污泥回流到污水池中，系统循环运行几天或几个星期后，滤料表面可以生长出良好的生物膜。

2. 一定的污水浓度条件下，改变水力负荷，在 10～20m^3/(m^2·d) 范围内设计 5 组实验，每组待系统运行稳定后，在不同的滤池深度取样分析污染物浓度（BOD$_5$）。

3. 一定的水力负荷条件下，改变污水中污染物浓度，在 100～200mg/L 浓度范围内设计 5 组实验，每组待系统运行稳定后，在不同的滤池深度取样分析污染物浓度（BOD$_5$）。

五、实验记录

1. 实验记录表（表 5-15）

表 5-15　生物滤池实验

第_____组　　姓名_____　　学号_____　　实验日期_____

生物滤池参数：滤床体积_____m^3；滤池面积_____m^2
污水性质：　水温_____℃；污水 BOD$_5$ ρ_{s0}_____mg/L

水力负荷/[m^3/(m^2·d)]　　　滤床深度/m						

BOD$_5$/(mg/L)　　　滤床深度/m						

2. 数据处理

（1）以 $\ln(\rho_s/\rho_{s0})$ 为纵坐标，滤池深度 h 为横坐标作图，斜率为 $slope = K'\rho_{s0}^m(q_V/A)^n$。

（2）以 $\ln(slope)$ 为纵坐标，$\ln(q_V/A)$ 和 $\ln(\rho_{s0})$ 为横坐标分别作图，所得直线斜率为 m、n。

（3）求出 K'，确定反映生物滤池处理效率的系数 K。

3. 实验结果与讨论

（1）观察生物滤池挂膜和生物膜脱落过程，讨论生物膜脱落的原因。

（2）分析讨论影响生物滤池处理效率的因素。

六、注意事项

1. 取样口采集的水样过滤后测定 BOD_5 指标。
2. 滤料表面生物出现后，二沉池污泥可以停止回流。

一、实验目的

化学氧化还原是转化废水中污染物的有效方法，废水中呈溶解状态的无机物和有机物，通过化学反应被氧化或还原为微毒、无毒的物质，或者转化成容易与水分离的形态，从而达到处理的目的。利用高级氧化技术（AOP）彻底氧化可生化性较差、性质特殊的有机废水，实现污水的深度处理和净化是当前国内外水处理技术的研究热点。从强氧化剂的标准电极电位分析，臭氧、过氧化氢和氯的氧化还原电位分别是 2.07mV、1.78mV、1.36mV，臭氧在常用的水处理氧化剂中是氧化能力最强的一种。

本实验目的：（1）了解臭氧的制备方法、原理和臭氧发生器的构造。
（2）掌握基于臭氧的高级氧化技术处理难降解有机废水的实验方法。

二、实验原理

臭氧是氧的同素异形体，具有很强的氧化性。利用臭氧深度氧化净化难降解有机废水的作用原理是氧化过程导致不饱和有机分子的破裂，臭氧分子结合在有机分子的双键上，生成臭氧氧化物。臭氧氧化物的自发性分裂产生一个羟基化合物和带有酸性和碱性基的两性离子，后者是不稳定的，进而分解成酸和醛。

单纯的臭氧氧化过程具有选择性，并不能氧化所有的污染物以达到彻底消除污染物的目的。为提高工艺的处理效果，在单纯臭氧氧化的基础上，基于臭氧的高级氧化工艺（$AOPO_3$）逐渐受到关注。$AOPO_3$ 在技术原理上是利用均相和非均相催化过程，促进 O_3 分解，以产生羟基自由基（·OH）等活性中间体来强化臭氧氧化能力。与臭氧直接氧化相比，羟基自由基的氧化能力更强，其氧化还原电位可达 2.8mV，其与有机物的反应是无选择性的。因此通过催化剂诱导臭氧的自分解，通过链反应生成强氧化剂（·OH）是提高 $AOPO_3$ 反应效率的关键因素。$AOPO_3$ 反应过程可分为两个步骤：臭氧自分解生成羟基自由基，羟基自由基氧化污染物。

从对臭氧的反应机理研究可知，低 pH 条件下（pH<8），臭氧的氧化反应以臭氧氧化为主，具有较高的选择性；高 pH 条件下（pH>10），臭氧的氧化反应以自由基氧化反应为主，选择性较小。实验将在低 pH 条件（pH=7~8）和高 pH 条件下（pH=10~11）进行两组对照实验。

81

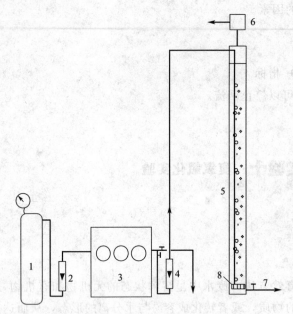

图 5-16 臭氧氧化实验装置示意图

1—氧气瓶；2—氧气流量计；3—臭氧发生器；

4—臭氧流量计；5—臭氧氧化反应柱；6—臭

氧尾气裂解器；7—排水阀；8—砂芯曝气头

三、实验装置及设备

1. 实验装置见图 5-16。

2. 主要设备和仪器包括：COD 分析设备。

3. 实验水样：油气田钻井污水，COD 为 1000mg/L 左右。

四、实验步骤

1. 关闭排水阀 7，往臭氧反应柱内加入油气田钻井污水 4L（pH=7～8）。

2. 打开氧气减压阀，调节氧气流量为 1L/min，待砂芯曝气头有气泡冒出，开启臭氧发生器电源。

3. 通过分流旋塞调节臭氧流量为 0.2L/min，计时开始氧化反应；同时从分流旋塞分流气体测定臭氧的浓度。

4. 氧化反应 10min、15min、20min、25min、30min、35min、40min，分别从排水阀取样检测废水 COD 值。反应 40min 后，先关闭臭氧发生器电源，后关上氧气瓶减压阀；打开排水阀 7 排空反应柱内污水。

5. 往臭氧反应柱内加入油气田钻井污水 4L，用 10%NaOH 溶液调节污水的 pH=10～11，按步骤 2～4 重复氧化实验，记录不同反应时间取样测定的污水 COD 值。

五、实验记录

1. 实验记录表（表 5-16）

表 5-16 臭氧氧化实验

第　　　组		姓名		学号		实验日期	

臭氧发生器参数：电流　　　mA　　　电压　　　V　　　臭氧浓度　　　mg/L

钻井污水性质：pH　　　；COD　　　mg/L

反应时间/min	10	15	20	25	30	35	40
COD/(mg/L)							

钻井污水 pH=10～11

反应时间/min	10	15	20	25	30	35	40
COD/(mg/L)							

2. 数据处理

（1）以 COD 为纵坐标，反应时间为横坐标，将不同 pH 值条件下的关系曲线会在同一坐标图中。

（2）分别计算两种反应 pH 条件下钻井污水 COD 的去除效率。

3. 实验结果与讨论

（1）根据实验数据，讨论分析臭氧氧化对钻井污水 COD 的去除效果。

（2）分析讨论 pH 值不同条件下，臭氧氧化的作用效果，分析其原因。

六、注意事项

1. 臭氧发生器的工作原理是采用电晕放电法制备臭氧，必须保证在有气体通入的情况下才能开启电源。

2. 反应结束时，应先关闭臭氧发生器电源，再关闭氧气。

3. 注意正确开启氧气瓶加压阀，做到轻开轻关。

4. 实验过程中，保证臭氧尾气裂解装置始终处于工作状态。

实验十一　　活性炭吸附实验

一、实验目的

活性炭吸附是目前国内外应用较多的一种水处理方法，可以用于去除异味、某些离子及难进行生物降解的有机污染物。由于活性炭对水中大部分污染物都有较好的吸附作用，因此活性炭吸附应用于水处理时往往具有出水水质稳定，适用于多种污水的优点。一定的吸附剂所吸附物质的数量与此物质的性质、浓度和温度等有关。

本实验目的：（1）进一步加深理解吸附的基本原理。

（2）掌握活性炭吸附公式中常数的确定方法。

二、实验原理

吸附可分为物理吸附和化学吸附。吸附剂与被吸附物质之间是通过分子间力（范德华力）的作用来完成吸附过程的称为物理吸附。吸附剂与被吸附物质之间产生化学作用，生成化学键吸附，称为化学吸附。在污水处理中，吸附过程往往是几种作用过程的综合结果，同时，被吸附质在吸附剂固相表面聚集的同时，也存在反方向进入水相的解吸过程。实验中，活性炭的吸附平衡是指吸附和解吸的动态平衡，即单位时间内活性炭吸附的量等于解吸的量，此时吸附质在溶液中的浓度称为平衡浓度 ρ。

活性炭的吸附能力以吸附容量 $q(\mathrm{mg/g})$ 表示。吸附容量是指单位质量的吸附剂所吸附的吸附质的质量。其大小除了决定于活性炭的性能参数之外，还与被吸附物质的性质、浓度、水的温度及 pH 值有关。吸附容量与吸附平衡时吸附质平衡浓度 ρ 之间的关系称为吸附等温式，目前常用的有弗劳德利希（Freundlich）和朗格缪尔（Langmuir）吸附等温式。在水和污水处理中通常用 Freundlich 吸附等温式来比较不同温度和不同溶液浓度时的活性炭的吸附容量，即

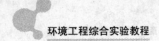

$$q = \frac{y}{m} = K\rho^{\frac{1}{n}}$$

式中　y——吸附剂吸附的物质质量，mg；

　　　m——投加的吸附剂量，g；

　K，n——经验常数，通常 $n > 1$；

　　　ρ——吸附平衡时吸附质的浓度，mg/L。

对上式取对数，可得

$$\log q = \log K + \frac{1}{n}\log\rho$$

在一定温度下，利用活性炭吸附污水中的有机质，以 COD 为评价指标，绘制吸附等温线，确定经验常数 K、n，直线的斜率为 $1/n$，截距为 $\log K$。

三、实验装置及设备

1. 实验装置：回旋式振荡器 HY-5。

2. 主要设备和仪器包括：COD 测定实验装置、pH 计。

3. 实验水样：配制水样。

四、实验步骤

1. 取粉状活性炭 2500mg 放在蒸馏水中浸 24h，然后放在 103℃烘箱内烘干 24h 备用。

2. 配制水样 1L，使其 COD 浓度为 50～100mg/L。

3. 依次称活性炭 50mg、100mg、150mg、200mg、250mg、300mg 于 6 个 250mL 三角烧瓶中，加入配制的水样 150mL，具塞后放在回旋式振荡器 HY-5 中，中速振荡 30min。

4. 停止振荡，过滤各三角烧瓶中水样，并测定 COD 值，同时测定配制水样的 COD。

5. 测定配制水样的 pH 及温度。

6. 本实验分成 5 个组，每个组实验水样 pH 值分别调整为 pH＝3、5、7、9、10。

五、实验记录

1. 实验记录表（表 5-17）

表 5-17　活性炭吸附实验表

第＿＿组　　姓名＿＿＿＿＿＿　　学号＿＿＿＿＿＿＿　　实验日期＿＿＿＿＿

配制水样参数：COD$_{Cr}$＿＿＿＿mg/L；pH＿＿＿＿；水温＿＿＿＿℃；
实验参数：　吸附时间＿＿＿＿min；水样体积＿＿＿＿mL

序号	活性炭加量 /mg	平衡浓度 ρ /(mg/L)	吸附容量 q /(mg/g)	$\log\rho$	$\log q$
1					
2					
3					
4					
5					
6					

2. 数据处理

（1）以 $\log q$ 为纵坐标、$\log \rho$ 为横坐标绘制 Freundlich 吸附等温线。

（2）从吸附等温线上求出 K、n 值，求出 Freundlich 吸附等温式。

3. 实验结果与讨论

（1）活性炭的吸附量随被吸附物质平衡浓度的提高如何变化？

（2）将 5 组同学的实验数据汇总，讨论水样 pH 对活性炭吸附的影响。

六、注意事项

1. 若吸附平衡时的吸附质的平衡浓度 ρ 过小，说明活性炭的吸附吸附容量 q 过大，实验中应对活性炭的投加量作适当调整。

2. 注意配制水样的 pH 及温度对吸附过程的影响。

第6章 石油工业污染控制实验

6.1 石油天然气开发过程中的污染源极其污染特征

石油天然气开发工程包括油田勘探、钻井、油气开采、石油天然气的预处理以及储运等环节。在这些环节中，对环境影响最大的主要是钻井、采油、采气等过程。这些工艺过程中所产生的废水、废气、废渣等如不加以合理的处理和处置，将会造成严重的生态环境破坏。

一般来说，陆上油气田污水种类主要是采油污水和采气污水，其次有钻井污水、洗井污水和作业污水。这些污水不仅通常具有性质特殊、成分复杂等特点，一旦被排入环境，所造成的危害是相当严重的。在石油天然气生产中产生的废气主要是原油挥发物和天然气脱硫厂的尾气，原油挥发物（轻烃）是参与形成光化学烟雾的主要成分，而天然气脱硫尾气含有大量的二氧化硫和硫化氢，它们进入大气后，会形成大面积酸雨，从而对农作物、植物和建筑物造成严重的伤害。产生的废渣主要是钻井过程中产生的废弃泥浆和废弃钻屑。

6.1.1 油气勘探的主要污染源

石油勘探的任务是收集地下地质资料，弄清油气资源，以便进行油气开发。对环境影响最大的是地质物理勘探。在陆地和浅水层地区钻井，可能引起水位降低；在海上进行地质勘探，爆炸产生的冲击力对鱼类有破坏性的影响。

6.1.2 油气钻井的主要污染源

在油气开发过程中，钻井过程对环境影响最广，污染源也最多，按钻井过程分，主要有以下污染源。

（1）大气污染 主要是指柴油机排出的废气，其次有落地原油、柴油的蒸发。

（2）水污染 水污染主要是柴油机冷却水、钻井设备清洗用水、岩屑冲洗水、酸化和固井作业产生的大量废水、起下钻作业时泥浆流失物、泥浆循环系统渗漏物引起；这些污水污物形成钻井废水，它通常被认为是泥浆和机泵润滑油或原油被水高倍稀释的产物，具有污染负荷高、治理难度大等特点。

（3）废渣 井场上的废渣主要有废弃泥浆、钻井废水处理后的污泥及钻井岩屑。钻井废弃泥浆是井场完井后下的废弃物；钻井废水处理后污泥也主要是泥浆组分；而钻井岩屑则是循环泥浆经振动筛、固相分离器分离出的岩石破碎物，它的表面黏附有油和泥浆。

（4）噪声 钻井队产生的噪声的声源主要是柴油机、大功率电动机、钻机、大型车辆，而以柴油机噪声最大。各种噪声源发出的噪声相互作用叠加，从而增强了整个油田的噪声污染。

（5）井喷　井喷是钻井过程中遇到高压油气层时，油气侵入泥浆中，从而降低了泥浆液柱压力，而使油气喷出井口。如果发生井喷，喷出的原油可污染方圆几十公里的土地，也会产生大量废水，同时，高速喷出的油气一遇火星，会立即燃烧，从而烧毁钻井设备，燃烧产生的浓烟会对大气构成严重污染。

（6）天然降雨以及生活废水排入废液池等　综合分析以上各种钻井废水产生的渠道，可知钻井废水中的污染物是钻井泥浆、油类及泥沙。而泥沙一般都能在废液池中很快沉降下来，在废水中较稳定存在的则是钻井泥浆和油类。

6.1.3　油气开采主要污染源

油气开采是指将油气采出地面的工艺过程。在这个过程中产生的污染又主要来自两个方面，即油气生产过程中的污染和油气增产过程中的污染。油气生产过程中的污染主要有采油污水和采气污水；增产过程中的污染主要有作业污水和洗井污水。

（1）采油污水　采油污水是指随原油一起采出地面的地层水，由于被原油污染，又称之为含油污水。采油污水的量主要取决于产油层和井的位置及开采时间。随着油田开发的进行，采油污水的量越来越大，这是因为原油不断地被采出，使得地层压力逐渐衰减以至枯竭。因此，通过注水井向油层注水以补充能量，这是目前保持地层压力采油、提高采油速度和采收率方面应用得最广泛的一项重要措施。

（2）采气污水　采气污水是随天然气一起采出地面的地层水，其矿化度一般为几万毫克每升至十余万毫克每升，它除含有大量氯根外，还可能含有硫化物、Cd、Pb、Zn、Ba、As等有害物质。采气污水水质复杂，水量也很大。一般来说，采气污水的水量是随着气田开采龄期增加而增加的。

（3）洗井污水　在原油开采中，常需对生产井和注水井进行洗井。对生产井洗井一般是在结蜡和出砂时进行；油层出砂是由于井底附近地带的岩层结构被破坏而引起的；结蜡是在原油开采过程中，随着温度、压力的降低和气体的析出，溶解的石蜡便结晶析出，并不断聚集和沉积在管壁上的一种现象。如果生产井发生出砂和结蜡，那么将使采油速度大大降低，这样就需对生产井进行洗井，以提高采油速率。油井出砂的洗井一般是用土酸预处理，等关井一段时间后返排出来；油井结蜡的洗井一般是用热水循环冲洗，以清除井筒附近储层中的积蜡。

对注水井洗井是在注水端面被细菌、悬浮物固体及油堵塞，或注入水、地层水与地层的配伍性差而引起注水压力升高时进行的。洗井时返排出来的水叫洗井污水。

（4）作业污水　作业污水是指油气井酸化或压裂后产生的特殊废水。酸化或压裂是提高近井地带渗透率、提高油气运移速度或增加注水量的重要措施。根据酸化施工规模的不同，可以将酸化工艺分为酸洗、基质酸化和压裂酸化。

酸洗是将少量酸注入预定井段，在无外力搅拌下溶蚀结垢物和地层矿物。

基质酸化是在低于储层岩石破裂压力下将酸液注入地层中孔隙空间，溶解堵塞物，扩大空隙空间，恢复或提高地层渗透率。

压裂酸化是在高于地层岩石破裂压力下将前置液或酸液挤入地层，使它形成一条有高导流能力的人工裂缝。

压裂酸化根据岩石类型分为碳酸岩酸化和砂岩酸化。碳酸岩酸化通常用盐酸酸化，有时也用有机酸（甲酸、乙酸等）或是盐酸与有机酸的混合液。砂岩酸化一般采用土酸（盐酸和氢氟酸的混合液）处理，酸化处理时，为了减轻对金属的腐蚀，防止二次沉淀产生，并使反应后的作业废水（残酸）易于排出，酸液中都加了一定数量的缓蚀剂、稳定剂和各种表面活性剂以及必要的添加剂，这些处理剂除一部分残留在井筒和地层中外，其余的均随作业污水返出地面，从而对环境造成污染。

6.1.4 油气储运主要污染源

油气在储存和运输过程中的主要污染物是轻质饱和烃，这是油田大气污染的主要污染物。

6.1.5 天然气脱硫的污染源

含硫天然气在输送前，必须将硫化氢除掉。目前天然气脱硫方法主要有胺法、碳酸盐法、物理吸收法、吸附法等方法。天然气脱硫厂产生的污水主要含油、含硫及化学药剂；天然气脱硫尾气中主要污染物为二氧化硫。

6.2 实验项目

实验一 **钻井废水污染特征评价及处理**

一、实验目的

钻井废水是油气钻井过程中所产生的一种特殊的工业废水，主要来源于：①钻井泥浆废弃、钻井泥浆散落；②储油罐、机械设备的油料散落；③岩屑冲洗、钻井设备冲洗；④钻井过程中的酸化和固井作业产生的大量废水；⑤钻井事故（特别是井喷）产生的大量废水；⑥天然降雨以及生活废水排入废液池等。因此，钻井废水中的主要污染物是钻井泥浆、油类、处理剂及泥沙，而泥沙一般都能在废液池中很快地沉降下来，在废水中较稳定存在的则是钻井泥浆、钻井液添加剂和石油类。钻井废水通常表现为碱性条件下的负离子稳定体系，其污染物浓度随泥浆体系、钻井井深、钻井地层的变化而变化，通常也被看做是钻井泥浆和油被水高倍稀释后的产物。

本实验目的：（1）了解钻井废水的水质特点及污染特征。

（2）了解钻井废水的处理工艺流程。

（3）研究和探讨化学混凝对钻井废水的处理效果。

二、实验原理

1. 钻井废水的水质特点及污染特征

（1）钻井废水主要污染指标的检测 色度：稀释倍数法（GB/T 11914—89）；pH值：

酸度计法（GB/T 6920—86）；COD$_{cr}$：重铬酸钾法（GB 11914—89）；石油类：红外分光光度法（GB/T 16488—1996）。

（2）钻井废水单项污染物的评价 按照综合污水排放标准（GB 8978—1996），计算各单项污染物的超标倍数。

2. 钻井废水的处理工艺

国内外钻井废水处理技术方法主要有：物理处理法、化学处理法、物理化学处理法、生化法和复合处理方法等，其中以物理化学法应用最多。由于钻井废水污染物浓度高、成分复杂且性质多变，单一的水处理过程往往难以实现其达标净化，通常需要不同的处理单元过程进行组合。

图 6-1 所示的钻井废水处理工艺可以组合成的处理技术方案包括：①酸化中和＋混凝沉降；②混凝沉降＋离心分离；③酸化中和＋混凝沉降＋氧化＋吸附。

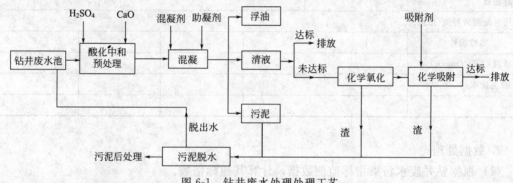

图 6-1 钻井废水处理处理工艺

3. 化学混凝对钻井废水的处理效果评价

混凝沉降是废水处理中的一种重要而常用的处理过程。该方法主要借助于混凝剂对胶体颗粒的双电层压缩、静电中和、吸附架桥、沉淀网捕作用，使胶体粒子失去稳定性，从而发生絮凝、沉降作用，实现絮体和水相的分离，达到降低水的浊度、色度，去除部分可溶性有机物及无机物的目的。

三、实验装置和仪器

（1）pH 计、COD 测定装置、比色管、红外油分析仪、混凝实验装置。

（2）实验水样：油气田现场钻井作业废水。

四、实验步骤

（1）参照检测标准（GB/T 11914—89、GB/T 6920—86、GB 11914—89、GB/T 16488—96），检测分析钻井废水的污染指标：色度、pH 值、COD$_{Cr}$、石油类；计算各单项污染物的超标倍数。

（2）采用烧杯实验法考察钻井废水的混凝法处理效果，处理剂为 Al$_2$(SO$_4$)$_3$、PAC、FeCl$_3$、PFS，分别配制成质量百分浓度为 10% 的溶液。

（3）室温条件下，分别取 100mL 钻井废水放入编号的 150mL 的烧杯中，按处理剂投加量 1000mg/L、2000mg/L、3000mg/L、24000mg/L、5000mg/L 分别加入上述四种水处理剂。

（4）处理剂加入后高速搅拌 3~5min，调节 pH 值为 7~8，再在 40~80r/min 的转速下加入质量百分浓度为 0.1% 的助凝剂 10mg/L，静置沉降，测定澄清液的 COD_{Cr} 水质指标。

五、实验记录

1. 实验记录表（表 6-1）

表 6-1 钻井废水实验记录表

第_____组 姓名_____ 学号_____ 实验日期_____

项目	色度/倍	pH	COD/(mg/L)	石油类/(mg/L)
钻井废水				
GB 8978—1996 一级标准				
超标倍数				

使用混凝剂的种类、浓度：

实验编号	1	2	3	4	5
澄清液 COD/(mg/L)					
COD 去除率/%					
……					

2. 数据处理

（1）根据钻井废水污染指标监测数据，计算其超标倍数。

（2）在同一个坐标下，绘制 $Al_2(SO_4)_3$、PAC、$FeCl_3$、PFS 四种处理剂不同投加量条件下对钻井废水 COD 的去除效率。

3. 实验结果与讨论

（1）结合钻井废水检测数据，讨论其污染特征。

（2）对不同类型混凝的作用效果进行比较分析。

六、注意事项

1. 钻井废水氯离子含量较高，COD 测定时应避免氯离子的干扰。

2. 钻井废水悬浮物含量高，增大混凝剂投加量后，混凝沉降可能为成层沉降，可采用滤纸过滤后取澄清液测定其污染指标。

实验二　压裂返排废液污染特征评价及处理

一、实验目的

油气井压裂作业是油气井增产的主要措施之一。压裂液类型主要有：水基压裂液、油基压裂液、泡沫压裂液和酸基压裂液等体系。压裂液组成复杂，通常包括增稠剂、交联剂、破胶剂、调节剂、高温稳定剂、防膨剂和助排剂等。压裂返排液与压裂液成分相类似，油气井在压裂过程中产生的压裂返排液已成为当前油田水体污染源之一。压裂液中由于外加的化学添加剂种类多，使废弃压裂液具有以下特点：①排放污水呈间歇性，浓度高；②由于主要含有增黏剂羟丙基胍胶和各种有机添加剂，导致 COD 浓度高，色度高；③高稳定性、高黏度等。

　　本实验目的：(1) 了解压裂返排废液的水质特点及污染特征。

　　(2) 了解压裂返排废液的处理工艺流程。

　　(3) 研究和探讨化学氧化对压裂返排废液的处理效果。

二、实验原理

　　1. 压裂返排废液的水质特点及污染特征

　　(1) 压裂返排废液主要污染指标的检测　　色度：稀释倍数法（GB/T 11914—89）；pH 值：酸度计法（GB/T 6920—86）；COD_{Cr}：重铬酸钾法（GB 11914—89）；石油类：红外分光光度法（GB/T 16488—1996）。

　　(2) 压裂返排废液单项污染物的评价　　按照综合污水排放标准（GB 8978—1996），计算各单项污染物的超标倍数。

　　2. 压裂返排废液的处理工艺

　　根据压裂返排液的特点，目前国内对压裂返排液处理工艺主要采取以下方法。

　　(1) 焚烧：将酸化压裂作业后的一部分残酸焚烧，是将高浓度有机物废液在高温下进行氧化分解，使有机物转化为水、二氧化碳等无害物质；该方法可控制废水污染物排放，但可能会产生大气二次污染。

　　(2) 残酸池储存：作业后将残酸中和并储存在残酸池中。

　　(3) 同废弃钻井泥浆一起固化，然后填埋。

　　(4) 回注：部分作业废水经处理后，输至注水站回注地层。

　　(5) 不同处理单元过程的组合，废水无害化处理后排放。如图 6-2 所示，利用压裂返排废液可生化性强的特点，将化学混凝、微电解氧化、化学吸附、生物氧化等不同处理单元进行组合，开发出压裂返排废液无害化处理工艺。

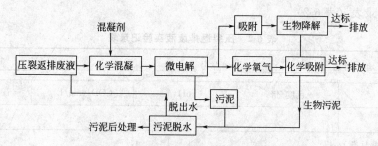

图 6-2　压裂返排废液处理工艺流程示意图

　　3. 压裂返排废液微电解处理效果评价

　　微电解法又常称为内电解法，利用金属铁和焦炭在电解质溶液的接触下，以低电位点为

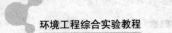

正极（阳极），发生铁的溶解：

$$Fe \Longrightarrow Fe^{2+} + 2e$$

有多余的电子从负极（阴极）转移，且在正极放电：

$$2H^+ + 2e \Longrightarrow H_2 \quad \text{或} \quad O_2 + 2H_2O + 4e \Longrightarrow 4OH^-$$

在中性或偏酸性的环境中，铁电极本身及其所产生的新生原子态 [H]、Fe^{2+} 等均能与废水中许多组分发生氧化还原反应，破坏废水中有机物质的结构，将大分子分解为小分子，使废水的可生化性大幅度提高，为进一步的生化处理提供了条件。同时，铁与碳之间形成一个个小的原电池，在其周围产生一个电场，废水中存在着稳定的胶体，当这些胶体处于电场下将产生电泳作用而向两极做定向移动，迁移到电极上而沉降。

三、实验装置和仪器

（1）pH 计、COD 测定装置、比色管、红外油分析仪。

（2）微电解实验装置：一 $\phi 60mm \times 5mm$，长为 270mm 的有机玻璃柱。选用 60～80 目的铁屑和焦炭，实验中铁屑和焦炭按 1:1（体积比）均匀混合。

（3）实验水样：油气田现场采集的压裂返排废液。

四、实验步骤

1. 参照检测标准（GB/T 11914—89、GB/T 6920—86、GB 11914—89、GB/T 16488—1996），检测分析压裂返排废液的污染指标：色度、pH 值、COD_{Cr}、石油类；计算各单项污染物的超标倍数。

2. 铁屑和焦炭混合物铁屑和焦炭用 1%～3% 的稀盐酸活化 1h，洗净烘干后装入有机玻璃柱。

3. 按 5000～9000mg/L 投加量，用 PAC 对压裂返排废液进行混凝预处理，取沉降后的上澄清液作为微电解实验的水样。

4. 取混凝后的清液，调节 pH 值为 3～4，水样从玻璃柱的上端进入，柱底流出，用阀门控制流速，并调节过柱停留时间。

5. 取不同停留时间出水，测定 pH 值与 COD_{Cr}。

五、实验记录

1. 实验记录表（表 6-2）

表 6-2 压裂返排废液实验记录表

第_____组 姓名_____ 学号_____ 实验日期_____

项目	色度/倍	pH	COD/(mg/L)	石油类/(mg/L)
压裂返排废液				
GB 8978—1996 一级标准				
超标倍数				

混凝预处理后压裂返排废液水质：COD _____ mg/L；色度_____ 倍

实验编号	1	2	3	4	5	6	7
微电解柱停留时间/min	10	15	20	25	30	40	45
出水 pH							
出水 COD/(mg/L)							
COD 去除率/%							
水色							

2. 数据处理

(1) 根据压裂返排废液污染指标监测数据，计算其超标倍数。

(2) 在同一个坐标下，绘制微电解柱停留反应时间与 COD 去除率关系曲线。

3. 实验结果与讨论

(1) 结合压裂返排废液检测数据，讨论其污染特征。

(2) 讨论分析微电解对压裂返排废液作用效果，同时观察分析微电解反应对出水色度的影响。

(3) 分析微电解出水 pH 如何变化的原因。

六、注意事项

1. 压裂返排废液中氯离子含量较高，COD 测定时时避免氯离子的干扰。

2. 微电解填料需要活化后使用，实验完后应将填料取出，洗净烘干后密闭储存。

实验三 含油污水处理综合实验

一、实验目的

在石油天然气生产和加工过程中，含油污水的产生量大。对于开采龄期进入中晚期的油田，其联合站分离出来的含油污水的外排量可能高达每天上万立方米。石油类在水体中的存在状态主要有浮油、乳化油和溶解油三种类型，对于外排含油污水，国内油田的主要处理工艺多以物理化学结合生物化学处理技术进行综合治理。

本实验目的：(1) 了解含油污水的水质特点。

(2) 通过测试分析混凝处理出水的水质情况，对比各种混凝剂对废水的处理性能。

(3) 用混凝、絮凝对含油废水进行预处理后，再通过 Fenton 试剂法进一步氧化，对其进行深度处理。掌握混凝-Fenton 试剂法处理含油污水的组合工艺。

二、实验原理

混凝法是借助混凝剂对废水中胶体粒子的静电中和、吸附、网捕架桥等作用，使胶体粒子脱稳，在絮凝剂的作用下，生成的絮凝体进一步聚集成较大的絮体，从而得以与水分离，以除去污水中的悬浮物和可溶性污染物质。混凝处理法主要用于去除乳化油，用混凝剂来削弱分散态油珠的稳定性。它可以降低水的浊度、色度，去除部分可溶性有机物及无机物。

在含油污水混凝处理过程中，低分子电解质以基于双电层作用原理产生的混凝为主，高分子聚合物则以架桥联结作用产生的絮凝为主。

Fenton 试剂是亚铁盐和过氧化氢的组合体，其中亚铁离子主要是作为同质催化剂，而过氧化氢在催化剂亚铁离子存在下能生成氧化能力很强的羟基自由基。羟基自由基具有很高的电负性或亲电子性，其电子亲和能力可达 569.3kJ，具有很强的加成反应特性。游离基与有机物 RH 反应生成游离的 R·，R·进一步氧化生成 CO_2 和 H_2O，从而使废水的 COD 大大降低，可有效地氧化去除传统废水处理技术无法去除的难降解有机物。

本实验针对油田废水特点和采油回注水的要求，首先采用混凝预处理去除部分油和悬浮物。

三、实验装置和仪器

（1）混凝实验搅拌仪、光电浊度仪、红外分光测油仪、化学需氧量快速测定仪 HH-6。

（2）实验药品：聚丙烯酰胺（PAM）（阳离子型）0.1%；聚合氯化铝（PAC）10%；硫酸亚铁（$FeSO_4$）1%；硫酸铝 10%；三氯化铁（$FeCl_3$）45%；氢氧化钠（NaOH）；硫酸（H_2SO_4）；氯化钠（NaCl）；四氯化碳（CCl4）；过氧化氢（H_2O_2）30%。

（3）实验水样：配制的含油污水。废水中加入乳化剂 OP-10 调节油浓度，水中悬浮物用高岭土配制。实验前搅拌均匀，含油废水主要水质指标：油含量 100mg/L 左右；COD 500～600mg/L；悬浮物 SS 为 100mg/L 左右；pH 为 7～8。

四、实验步骤

1. 混凝

（1）将水样 pH 值调节到 7～8，在六个搅拌杯中分别量取混匀的水样 1000mL，置于混凝实验搅拌仪上，投加药剂，于 200r/min 的转速下搅拌 1min，70r/min 转速下搅拌 3min，搅拌过程中，仔细观察矾花的形成过程，矾花外观、大小等，然后静置 15min，分别从 6 个杯中取上清液，用光电浊度仪测其浊度。

（2）混凝剂的筛选：本实验选用多种混凝剂进行实验，在相同实验条件下，在四个搅拌杯中分别加入不同的混凝剂，加量各为 30mg/L，加入适量 PAM 考察每种混凝剂的作用效果，确定最佳混凝剂，填表 6-3。

表 6-3　混凝剂种类与沉降出水浊度

混凝剂种类	加药量/(mg/L)	絮体沉降性能	浊度/NTU
PAC	30		
$FeSO_4$	30		
$FeCl_3$	30		
$Al_2(SO_4)_3$	30		

（3）混凝剂最佳量的确定：确定形成矾花的最小混凝剂加量。慢慢搅拌杯中 1000mL 废

水，每次增加 1mL 混凝剂加量，直到出现矾花为止。这时的混凝剂加量作为形成矾花的最小投加量。然后取其 1/4 作为 1 号杯的投加量，取其 2 倍作为 6 号杯的投加量，用依次增加混凝剂投加量相等的方法确定 2～5 号杯的加量。搅拌静置后取上层清液测其浊度，填表 6-4。

表 6-4　混凝剂最佳量的确定

水样编号		1	2	3	4	5	6
混凝剂加量/(mg/L)							
浊度/NTU	1						
	2						
	平均						

（4）pH 值影响：在六个搅拌杯中各取水样 1000mL，分别调节 pH 为 2、3、5、7、9、11，用上面所选取的最佳混凝剂及其加量分别加入杯中，搅拌静置后测定其浊度，填表 6-5。

表 6-5　最佳 pH 值确定

水样编号		1	2	3	4	5	6
pH		2	3	5	7	9	11
浊度 /NTU	1						
	2						
	平均						

（5）盐浓度对混凝效果的影响：在六个搅拌杯中各取水样 1000mL，调整盐浓度为 0g/L、5g/L、10g/L、20g/L、30g/L、40g/L，用上面所选取的最佳条件分别加入杯中，搅拌静置后测定其浊度，填表 6-6。

表 6-6　盐浓度对絮凝效果的影响

水样编号		1	2	3	4	5	6
盐浓度/(g/L)		0	5	10	20	30.	40
浊度 /NTU	1						
	2						
	平均						

2. Fenton 试剂氧化处理

对含油污水进行混凝预处理后，采用 Fenton 试剂氧化处理，反应时间为 1h，H_2O_2 和 Fe^{2+} 同时投加。通过单因素分析实验，得到了氧化体系中各因素与 COD 去除率的关系，研究 H_2O_2 投加量、Fe^{2+} 投加量、pH、反应温度、反应时间等对 Fenton 试剂氧化处理效果的影响程度。

（1）H_2O_2 投加量对 COD 去除率的影响：调节水样 pH 为 4，在相同温度下，投加一定量的 $FeSO_4$，考察不同的 H_2O_2 投加量对 COD 去除率的影响情况，填表 6-7。

表 6-7　H_2O_2 投加量对作用效果的影响

实验序号	H_2O_2 投加量 /(mmol/L)	Fe^{2+} 投加量 /(mmol/L)	pH	反应温度 /℃	COD 去除率/%
1	0.5	0.4	4	50	
2	1.0	0.4	4	50	
3	1.5	0.4	4	50	

（2）Fe^{2+} 催化剂浓度对 COD 去除率的影响：调节水样 pH 为 4，在相同温度下，投加一定量的 H_2O_2，考察不同的 $FeSO_4$ 投加量对 COD 去除率的影响情况，填表 6-8。

表 6-8　Fe^{2+} 催化剂浓度对作用效果的影响

实验序号	H_2O_2 投加量 （最佳）/(mmol/L)	Fe^{2+} 投加量 /(mmol/L)	pH	反应温度 /℃	COD 去除率/%
1		0.2	4	50	
2		0.3	4	50	
3		0.4	4	50	

（3）pH 值对 COD 去除率的影响：Fenton 试剂是在酸性条件下发生作用的。在中性和碱性条件下，Fe^{2+} 不能催化 H_2O_2 产生游离基。用 H_2SO_4 或 NaOH 溶液调节不同的 pH，固定 H_2O_2 和 Fe^{2+} 的投加量，考察不同的 pH 对 COD 去除率的影响，填表 6-9。

表 6-9　pH 值对作用效果的影响

实验序号	H_2O_2 投加量 （最佳）/(mmol/L)	Fe^{2+} 投加量 （最佳）/(mmol/L)	pH	反应温度 /℃	COD 去除率 /%
1			3	50	
2			4	50	
3			5	50	

（4）温度对 COD 去除率的影响：在 80℃ 以下，考察不同温度对 COD、油去除率的影响，填表 6-10。

表 6-10　温度对作用效果的影响

实验序号	H_2O_2 投加量 （最佳）/(mmol/L)	Fe^{2+} 投加量 （最佳）/(mmol/L)	pH （最佳）	反应温度 /℃	COD 去除率 /%
1				20	
2				40	
3				60	

五、实验记录

1. 实验记录表（表 6-11）

表 6-11　含油污水综合实验记录表

第＿＿＿＿组　姓名＿＿＿＿＿＿＿＿	学号＿＿＿＿＿＿＿＿		实验日期＿＿＿＿＿＿
含油污水混凝处理最佳条件	筛选的混凝剂：＿＿＿＿＿ 混凝剂加量：＿＿＿＿＿mg/L pH：＿＿＿＿＿		

优化混凝条件下处理效果			
性能指标	COD/(mg/L)	SS/(mg/L)	油/(mg/L)
原水样			
混凝处理后水样			
去除率/%			

Fenton 试剂法氧化处理	H₂O₂ 投加量：_____ mmol/L Fe²⁺ 浓度：_____ mmol/L pH：_____ 温度：_____ ℃

Fenton 试剂法氧化优化条件下处理效果			
性能指标	COD/(mg/L)	SS/(mg/L)	油/(mg/L)
混凝处理后的水样			
氧化处理后水样			
去除率/%			

2. 数据处理

（1）绘制混凝实验中各单因素对处理后污水浊度影响的关系曲线。

（2）绘制 Fenton 试剂氧化处理各单因素与 COD 去除率关系曲线。

3. 实验结果与讨论

（1）基于配制含油污水的实验结果，评价混凝-Fenton 试剂法处理工艺的作用效果。

（2）讨论分析盐含量对混凝作用效果的影响。

（3）分析 pH 对 Fenton 试剂氧化影响的原因。

六、注意事项

1. 本实验为含油污水的综合性实验，各影响因子间的关系相互关联，实验中应认真完成每一步操作。

2. 混凝出水以出水浊度为检测评价指标，应以两次读数的平均值作为实验值。

3. Fenton 试剂氧化处理采用 COD 快速测定仪进行分析评价指标的测定，注意其实验原理与重铬酸钾法（GB 11914—89）的异同。

第7章　大气污染控制工程实验

7.1　样品的采集与保存

7.1.1　样品的采集

大气样品的采集方法一般分为直接采样法和富集（浓缩）采样法两种。

直接采样法适用于大气中被测组分浓度较高或者所用监测方法十分灵敏的情况，此时直接采取少量气体就可以满足分析测定要求。直接采样法测得的结果反映大气污染物在采样瞬时或者短时间内的平均浓度。

富集（浓缩）采样法适用于大气中污染物的浓度很低，直接取样不能满足分析测定要求的情况，此时需要采取一定的手段，将大气中的污染物进行浓缩，使之满足监测方法灵敏度的要求。由于浓缩采样法采样需时较长，所得到的分析结果反映大气污染物在浓缩采样时间内的平均浓度。

7.1.1.1　直接采样法

直接采样法按采样容器不同分为玻璃注射器采样法、塑料袋采样法、球胆采样法、采气管采样法和采样瓶采样法等。

（1）玻璃注射器采样　用大型玻璃注射器（如 100mL 注射器）直接抽取一定体积的现场气样，密封进气口，送回实验室分析。注意：取样前应必须用现场气体冲洗注射器 3 次，样品需当天分析完。

（2）塑料袋采样　用塑料袋直接取现场气样，取样量以塑料袋略呈正压为宜。注意：应选择与采集气体中的污染物不起化学反应、不吸附、不渗漏的塑料袋；取样前应先用二联橡皮球打进现场空气冲洗塑料袋 2～3 次。

（3）球胆采样　要求所采集的气体与橡胶不起反应，不吸附。用前先试漏，取样时同样先用现场气冲洗球胆 2～3 次后方可采集封口。

（4）采气管采样　采气管是两端具有旋塞的管式玻璃容器，其容积为 100～500mL。采样时，打开两端旋塞，将二联橡皮球或抽气泵接在管的一端，迅速抽进比采样管容积大 6～10 倍的欲采气体，使采气管中原有气体被完全置换出，关上两端旋塞，采气体积即为采气管的容积。

（5）采样瓶采样　采样瓶是一种用耐压玻璃制成的固定容器，容积为 500～1000mL。

采样时先将瓶内抽成真空并测量剩余压力，携带至现场打开瓶塞，则被测空气在压力差的作用下自动充进瓶中，关闭瓶塞，带回实验室分析。

7.1.1.2　富集（浓缩）采样法

浓缩采样法有以下几种，可根据监测目的和要求进行选择。

（1）溶液吸收法　用抽气装置使待测空气以一定的流量通入装有吸收液的吸收管，待测组分与吸收液发生化学反应或物理作用，使待测污染物溶解于吸收液中。采样结束后，取出吸收液，分析吸收液中被测组分含量，根据采样体积和测定结果计算大气污染物质的浓度。常用的吸收液有水、水溶液、有机溶剂等。

吸收液吸收污染物的原理分为两种：一种是气体分子溶解于溶液中的物理作用，例如用水吸收甲醛；另一种是基于发生化学反应的吸收，例如用碱性溶液吸收酸性气体。伴有化学反应的吸收速度显然大于只有溶解作用的吸收速度，因此，除溶解度非常大的气体外，一般都选用伴有化学反应的吸收液。

对吸收液的要求：

a. 对气态污染物质溶解度大，与之发生化学反应的速度快。

b. 污染物质在吸收液中有足够的稳定时间。

c. 要便于后续分析测定工作。

d. 价格便宜，易于得到。

根据吸收原理不同，常用吸收管可分为气泡式吸收管、冲击式吸收管、多孔筛板吸收管（瓶）3 种类型。

① 气泡式吸收管。管内装有 5～10mL 吸收液，进气管插至吸收管底部，气体在穿过吸收液时，形成气泡，增大了气体与吸收液的界面接触面积，有利于气体中污染物质的吸收。气泡吸收管主要用于吸收气态、蒸气态物质。

② 冲击式吸收管。适宜采集气溶胶态物质。因为该吸收管的进气管喷嘴孔径小，距瓶底又很近，当被采气样快速从喷嘴喷出冲向管底时，气溶胶颗粒因惯性作用冲击到管底被分散，从而易被吸收液吸收。但冲击式吸收管不适合采集气态和蒸气态物质，因为气体分子的惯性小，在快速抽气情况下，容易随空气一起逃逸。冲击式吸收管的吸收效率是由喷嘴口径的大小和喷嘴距瓶底的距离决定的。

③ 多孔筛板吸收管（瓶）。气体经过多孔筛板吸收管的多孔筛板后，形成很小的气泡，同时气体的阻留时间延长，大大地增加了气-液接触面积，从而提高了吸收效果。各种多孔筛板的孔径大小不一，要根据阻力要求进行选择。多孔筛板吸收管（瓶）不仅适用于采集气态和蒸气态物质，也适用于采集气溶胶态物质。

溶液吸收法的吸收效率主要决定于吸收速度，而吸收速度又取决于吸收液对待测物质的溶解速度和待测物质与吸收液的接触面积和接触时间。因此，提高吸收效率，必须根据待测物质的性质和在大气中的存在形式，正确地选择吸收溶液和吸收管。

（2）填充柱阻留法　填充柱是用一根长 6～10cm、内径 3～5mm 的玻璃管或塑料管，内装颗粒状填充剂。采样时，让气样以一定流速通过填充柱，欲测组分因吸附、溶解或化学反应等作用被阻留在填充剂上，达到浓缩采样的目的。采样后，通过解吸或溶剂洗脱，使被测组分从填充剂上释放出来进行测定。根据填充剂阻留作用原理，填充柱可分为吸附型、分配型和反应型三种类型。

① 吸附型填充柱。填充剂是固体颗粒状吸附剂如活性炭、硅胶、分子筛、高分子多孔微球等多孔性物质，具有较大的比表面积，吸附性强，对气体、蒸气分子有较强的吸附性。吸附剂对物质的吸附能力是不同的，一般说来，极性吸附剂对极性物质吸附力强，非极性吸附剂对非极性物质的吸附力强。测定不同物质应选用不同的吸附剂作为填充剂。然而，吸附剂吸附能力越大，被测物质的解吸就越困难，所以，选择吸附剂时，应综合考虑吸附剂对被测物质的吸附和解吸两方面的因素。

② 分配型填充柱。填充柱内装填充剂是表面涂有高沸点有机溶剂（如异十三烷）的惰性多孔颗粒物（如硅藻土），高沸点有机溶剂称为固定液，惰性多孔颗粒物称为固定相。采样时，气样通过填充柱，在有机溶剂中分配系数大的组分保留在填充剂上而被富集。如用涂有 5% 甘油的硅酸铝载体作固体吸附剂，可以把空气中的六六六、狄氏剂、DDT、多氯联苯（PCB）等污染物阻留富集。富集后，用甲醇溶出吸附物，分析测定。

③ 反应型填充柱。反应型填充柱的填充剂可以是能与被测物起反应的纯金属细丝或细粒（如 Al、Au、Ag、Cu、Zn 等），也可以用固体颗粒物（石英砂、玻璃微球等）或纤维状物（滤纸、玻璃棉等）表面涂一层能与被测物起反应的化学试剂制成。当气体通过反应型填充柱时，被测物质在填充剂表面上发生化学反应而被阻留下来。采样后，将反应产物用适当的溶剂洗脱或加热吹气解吸下来进行分析测试。

（3）滤料采样法　这种方法是将过滤材料（滤纸或滤膜）夹在采样夹上。采样时，用抽气装置抽气，气体中的颗粒物质被阻留在过滤材料上。根据过滤材料采样前后的质量和采样体积，即可计算出空气中颗粒物的浓度。这种方法主要用于大气中的气溶胶、降尘、可吸入颗粒物、烟尘等的测定。

（4）低温冷凝采样法　低温冷凝采样法是将 U 形管或蛇形采样管插入冷阱中，大气流经采样管时，被测组分因冷凝从气态转变为液态凝结于采样管底部，达到分离和富集的目的。常用的制冷剂有水-盐水（-10℃）、干冰-乙醇（-72℃）、液态空气（-190℃）、液氮（-183℃）等。

空气中的水蒸气、二氧化硫甚至氧通过冷阱时也会冷凝，对采样造成干扰。因此，应在采样管进气端装置选择性过滤器，消除空气中水蒸气、二氧化硫、氧等物质的干扰。

（5）自然积集法　这种方法是利用物质的自然重力、空气动力和浓差扩散作用采集大气中的被测物质，用于自然降尘量、硫酸盐化速率等的测定。这种方法不需要动力设备，简单易行，且采样时间长，测定结果能较好地反映大气污染情况。

① 降尘样品的采集。采集大气中降尘的方法有湿法和干法两种，其中湿法应用较广泛。

a. 湿法采样一般使用集尘缸，集尘缸为圆筒形玻璃（或塑料、瓷、不锈钢）缸。采样时在缸中加一定量的水，放置在距地面 5~15m 处，附近无高大建筑物及局部污染源，采样口距基础面 1.5m 以上，以避免扬尘的影响。集尘缸内加水 1500~3000mL，夏季需要加入少量硫酸铜溶液，抑制微生物及藻类的生长，冰冻季节需加入适量的乙醇或乙二醇作为防冻剂。采样时间为（30±2）d，多雨季节注意及时更换集尘缸，防止水满溢出。

b. 干法采样使用标准集尘器，夏季需加除藻剂。

② 硫酸盐化速率样品的采集。排放到大气中的二氧化硫、硫化氢等含硫化合物，经过一系列氧化反应，最终形成硫酸雾和硫酸盐雾的过程称为硫酸盐化。常用的采样方法有二氧化铅法和碱片法。

a. 二氧化铅采样法是先将二氧化铅糊状物涂在纱布上，然后将纱布绕贴在素瓷管上，制成二氧化铅采样管，将其放置在采样点上，则大气中的二氧化硫、硫酸雾等与二氧化铅反应生成硫酸铅。

b. 碱片法是将用碳酸钾溶液浸渍过的玻璃纤维滤膜置于采样点上，则大气中的二氧化硫、硫酸雾等与碳酸盐反应生成硫酸盐。

7.1.1.3　采样仪器

直接采样法采样时用采气管、塑料袋、真空瓶即可。富集采样法需使用采样仪器。大气采样仪器的型号很多，按其用途可分为气态污染物采样器和颗粒物采样器。

（1）气态污染物采样器　用于采集大气中气态和蒸气态物质的采样器，采样流量为 $0.5\sim2.0L/min$，可用交、直流两种电源。

（2）颗粒物采样器　颗粒物采样器有总悬浮颗粒物（TSP）采样器和可吸入颗粒物（PM_{10}）采样器。

① 总悬浮颗粒物采样器。总悬浮颗粒物采样器按其采气流量大小分为大流量采样器和中流量采样器。

a. 大流量采样器的滤料夹可安装 $20cm\times25cm$ 的玻璃纤维滤膜，以 $1.1\sim1.7m^3/min$ 流量采样 $8\sim24h$。当采气量达 $1500\sim2000m^3$ 时，样品滤膜可用于测定颗粒物中的金属、无机盐及有机污染物等组分。

b. 中流量采样器的采样夹面积和采样流量比大流量采样器小。我国规定采样夹的有效直径为 $80mm$ 或 $100mm$。当用有效直径 $80mm$ 滤膜采样时，采气流量控制在 $7.2\sim9.6m^3/h$；用 $100mm$ 滤膜采样时，采气流量控制在 $11.3\sim15m^3/h$。

② 可吸入颗粒物采样器。采集可吸入颗粒物广泛使用大流量采样器。在连续自动监测仪器中，可采用静电捕集法、β 射线法或光散射法直接测定可吸入颗粒物的浓度，但不论哪种采样器都装有分尘器。分尘器有旋风式、向心式、多层薄板式、撞击式等多种。它们又分为二级式和多级式。二级式用于采集 $10\mu m$ 以下的颗粒物，多级式可分级采集不同粒径的颗粒物，用于测定颗粒物的粒度分布。

7.1.2　样品保存

① SO_2 和 NO_2 样品采集后，应迅速将吸收液转移至 $10mL$ 比色管中，避光、冷藏保存，详细核对编号，检查比色管的编号是否与采样瓶、采样记录上的编号相对应。

② 样品应在当天运回实验室进行测定。采集的样品原则上应当天分析，当天因故不能分析的应将样品置于冰箱中在 $5℃$ 下保存，最大保存期限不超过 $72h$。

③ 采集 TSP 的滤膜每张装在 1 个小纸袋或塑料袋中，然后装入密封盒中保存。不要折，更不能揉搓。运回实验室后，放在干燥器中保存。

④ 样品送交实验室时应进行交接验收，交、接人均应签名。

7.2　实验项目

实验一　旋风除尘器性能测定

一、实验目的

1. 通过实验掌握旋风除尘器性能测定的主要内容和方法，熟悉除尘器的应用条件。

2. 对影响旋风除尘器性能的主要因素有较全面的了解，同时掌握旋风除尘器入口风速与阻力、全效率、分级效率之间的关系以及入口浓度对除尘器除尘效率的影响。

3. 通过对分级效率的测定与计算，进一步了解粉尘粒径大小等因素对旋风除尘器效率的影响。

二、实验原理

1. 采样位置的选择

正确地选择采样位置和确定采样点的数目，对采集有代表性的并符合测定要求的样品是非常重要的。采样位置应选取气流平稳的管段，原则上避免弯头部分和断面形状急剧变化的部分，与其距离至少是烟道直径的 1.5 倍，同时要求烟道中气流速度在 5m/s 以上。

采样孔和采样点的位置主要根据烟道的大小及断面的形状而定。下面说明不同形状烟道采样点的布置。

（1）圆形烟道　采样点分布见图 7-1(a)。将烟道的断面划分为适当数目的等面积同心圆环，各采样点均在等面积的中心在线，所分的等面积圆环数由烟道的直径大小而定。

（2）矩形烟道　将烟道断面分为等面积的矩形小块，各块中心即采样点，见图 7-1(b)。不同面积矩形烟道等面积小块数见表 7-1。

表 7-1　矩形烟道的分块和测点数

烟道断面面积/m²	等面积分块数	测点数
<1	2×2	4
1～4	3×3	9
4～9	4×3	12

（3）拱形烟道　分别按圆形烟道和矩形烟道采样点布置原则，见图 7-1(c)。

2. 空气状态参数的测定

旋风除尘器的性能通常是以标准状态（1.013×10^5 Pa，273K）下的性能来表示的。空气状态参数决定了空气所处的状态，因此可以通过测定烟气状态参数，将实际运行状态的空气换算成标准状态的空气，以便于互相比较。

烟气状态参数包括空气的温度、密度、相对湿度和大气压力。

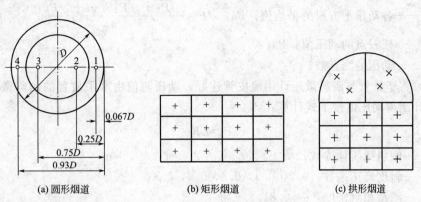

| (a) 圆形烟道 | (b) 矩形烟道 | (c) 拱形烟道 |

图 7-1 烟道采样点分布图

烟气的温度和相对湿度可用干湿球温度计直接测得，也可由烟尘测试仪测得；大气压力由大气压力计测得；干烟气密度由下式计算：

$$\rho_g = \frac{P}{RT} = \frac{P}{287T}$$

式中　ρ_g——烟气密度，kg/m；

　　　P——大气压力，Pa；

　　　T——烟气温度，K。

实验过程中，要求烟气相对湿度不大于 75%。

3. 除尘器处理风量的测定和计算

(1) 烟气进口流速的计算　测量烟气流量的仪器利用烟尘测试仪（测量头为 S 型毕托管）和倾斜微压计。

S 型毕托管使用于含尘浓度较大的烟道中。毕托管是由两根不锈钢管组成，测端做成方向相反的两个相互平行的开口，如图 7-2 所示，测定时，一个开口面向气流，测得全压，另一个背向气流，测得静压；两者之差便是动压。

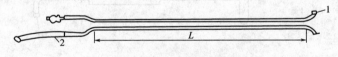

图 7-2 毕托管的构造示意图

1—开口；2—接橡皮管

由于背向气流的开口上吸力影响，所得静压与实际值有一定误差，因而事先要加以校正，方法是与标准风速管在气流速度为 2～60m/s 的气流中进行比较，S 型毕托管和标准风速管测得的速度值之比，称为毕托管的校正系数。当流速在 5～30m/s 的范围内，其校正系数值约为 0.84。S 型毕托管可在厚壁烟道中使用，且开口较大，不易被尘粒堵住。

当干烟气组分同空气近似，露点温度在 35～55℃ 之间，烟气绝对压力在 $(0.99～1.03) \times 10^5 Pa$ 时，可用下列公式计算烟气入口流速：

$$v_1 = 2.77 K_p \sqrt{T} \sqrt{P}$$

式中　K_p——毕托管的校正系数，$K_p = 0.84$；

　　　T——烟气底部温度，℃；

$\sqrt{P}$——各动压平方根的平均值，Pa，$\sqrt{P}=\dfrac{\sqrt{P_1}+\sqrt{P_2}+\cdots+\sqrt{P_n}}{n}$；

P_n——任一点的动压值，Pa；

n——动压的测点数。

测压时将毕托管与倾斜微压计用橡皮管连好，动压测值由水平放置的倾斜微压计读出。倾斜微压计测得动压值按下式计算：

$$P=LKv$$

式中　L——倾斜微压计读数；

K——斜度修正系数，0.2，0.3，0.4，0.6，0.8；

v——酒精相对密度，$v=0.81$。

（2）除尘器处理风量计算　处理风量 Q（m^3/s）：

$$Q=F_1v_1$$

式中　v_1——烟气进口流速，m/s；

F_1——烟气管道截面积，m^2。

（3）除尘器入口流速计算　入口流速：

$$v_2=Q/F_2$$

式中　Q——处理风量，m^3/s；

F_2——除尘器入口面积，m^2。

4. 烟气含尘浓度的测定

对污染源排放的烟气颗粒浓度的测定，一般采用从烟道中抽取一定量的含尘烟气，由滤筒收集烟气中颗粒后，根据收集尘粒的质量和抽取烟气的体积求出烟气中尘粒浓度。为取得有代表性的样品，必须进行等动力采样，即指尘粒进入采样嘴的速度等于该点的气流速度，因而要预测烟气流速再换算成实际控制的采样流量。图 7-3 为采样装置。

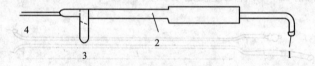

图 7-3　烟尘采样装置

1—采样嘴；2—采样管（内装滤筒）；3—手柄；

4—橡皮管，接尘粒采样仪（流量计＋抽气泵）

5. 除尘器阻力的测定和计算

由于实验装置中除尘器进出口管径相同，故除尘器阻力可用两个测压板所在断面处的（见图 7-4）静压差（扣除管道沿程阻力与局部阻力）求得。

$$\Delta P=\Delta H-\sum\Delta h=\Delta H-(R_L l+\Delta P_m)$$

式中　ΔP——除尘器阻力，Pa；

ΔH——前后测量断面上的静压差，Pa；

$\sum\Delta h$——测点断面之间系统阻力，Pa；

R_L——比摩阻，Pa/m；

l——管道长度，m；

ΔP_m——异形接头的局部阻力，Pa。

将 ΔP 换算成标准状态下的阻力 ΔP_N：

$$\Delta P_\mathrm{N} = \Delta P \times \frac{T}{T_\mathrm{N}} \times \frac{P_\mathrm{N}}{P}$$

式中　T_N，T——标准状态和实验状态下的空气温度，K；

P_N，P——标准状态和实验状态下的空气压力，Pa。

除尘器阻力系数按下式计算：

$$\xi = \frac{\Delta P_\mathrm{N}}{P_\mathrm{dl}}$$

式中　ξ——除尘器阻力系数，无量纲；

ΔP_N——除尘器阻力，Pa；

P_dl——除尘器内入口截面处动压，Pa，$P_\mathrm{dl} = \frac{1}{2}\rho v^2$；

ρ——除尘器入口烟尘密度，kg/m³；

v——除尘器进口风速，m/s。

6. 除尘器进、出口浓度计算

$$C_\mathrm{j} = \frac{G_\mathrm{j}}{Q_\mathrm{j}\tau}$$

$$C_\mathrm{z} = \frac{G_\mathrm{j} - G_\mathrm{s}}{Q_\mathrm{z}\tau}$$

式中　C_j，C_z——除尘器进口、出口的气体含尘浓度，g/m³；

G_j，G_s——发尘量（或采样量）与除尘量，g；

Q_j，Q_z——除尘器进口、出口烟气量，m³/s；

τ——发尘时间（或采样时间），s。

7. 除尘效率计算

$$\eta = \frac{G_\mathrm{s}}{G_\mathrm{j}} \times 100\%$$

式中　η——除尘效率，%。

8. 分级效率计算

$$\eta_i = \eta \frac{g_{si}}{g_{ji}} \times 100\%$$

式中　η_i——粉尘某一粒径范围的分级效率，%；

g_{si}——收尘中某一粒径范围的质量分数，%；

g_{ji}——发尘中某一粒径范围的质量分数，%。

三、实验装置、流程和仪器

1. 实验装置、流程

本实验装置如图 7-4 所示。含尘气体通过旋风除尘器将粉尘从气体中分离，净化后的气体由风机经过排气管排入大气。所需含尘气体浓度由发尘装置配置。

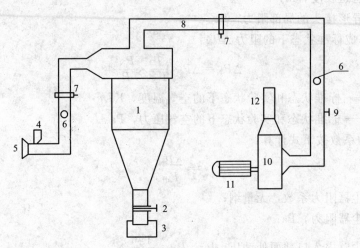

图 7-4　旋风除尘器性能测定实验装置

1—除尘装置本体；2—除尘闸门；3—出尘斗；4—加尘器；5—进风口；6—取样口；

7—测压板；8—风管；9—调节阀；10—风机；11—电动机；12—排风管

2. 仪器

(1) 倾斜微压计 YYT-2000 型 2 台。

(2) U 形压差计（500～1000mm）2 个。

(3) 烟尘采样管 2 支。

(4) 烟尘测试仪 2 台。

(5) 干湿球温度计 1 支。

(6) 空盒气压计 DYM-3 1 台。

(7) 分析天平（分度值 0.0001g）1 台。

(8) 托盘天平（分度值 1g）1 台。

(9) 秒表 2 块。

(10) 钢卷尺 2 个。

(11) 鼓风干燥烘箱 1 台。

(12) 粒径测试仪 1 台。

(13) 超细玻璃纤维无胶滤筒 20 个。

四、实验方法和步骤

1. 除尘器处理风量的测定

(1) 测定室内空气干、湿球温度和相对湿度及空气压力，计算管内的气体密度。

(2) 启动风机，在测压板 7 的管道断面处，利用烟尘测试仪和 YYT-2000 倾斜微压计测定该断面的静压，并从倾斜微压计中读出静压值（P_s），计算管内的气体流量（即除尘器的处理风量），并计算断面的平均动压值（P_d）。

2. 除尘器阻力的测定

(1) 用 U 形压差计或烟尘测试仪测量两个测压板断面间的静压差（ΔH）。

（2）量出两个测压板断面间的直管长度（l）和异形接头的尺寸，求出断面间的沿程阻力和局部阻力。

（3）计算除尘器的阻力。

3. 除尘效率的测定

滤筒的预处理：测试前先将滤筒编号，然后在105℃烘箱中烘2h，取出后置于干燥器内冷却20min，再用分析天平测得初重并记录。

把预先干燥、恒重、编号的滤筒用镊子小心装在采样管的采样头内，再把选定好的采样嘴装到采样头上。

调节流量计使其流量为某采样点的控制流量，将采样管（或测量头）插入采样孔，找准采样点位置，使采样嘴背对气流预热10min后转动180°，即采样嘴正对气流方向，同时打开抽气泵的开关进行采样。按各点的流量和采样时间逐点采集尘样。

各点采样完毕后，关掉仪器开关，抽出采样管，待温度降下后，小心取出滤筒保存好。

采尘后的滤筒称重：将采集尘样的滤筒放在105℃烘箱中烘2h，取出置于玻璃干燥器内冷却20min后，用分析天平称重。将结果记录在表7-4中。

4. 改变调节阀开启程度，重复以上实验步骤，确定除尘器各种不同的工况下的性能。

五、实验数据的计算和处理

1. 除尘器处理风量的测定

实验时间：　　　年　　　月　　　日

空气干球温度（t_d）　　　℃；

空气湿球温度（t_w）　　　℃；

空气相对湿度　　　％；

空气压力　　　Pa；

空气密度　　　kg/m³

将测定结果整理成表（表7-2）。

表 7-2　除尘器处理风量测定结果记录表

测定次数	微压计读数			微压计倾斜角系数	静压/Pa	管内流速/(m/s)	风管横截面积/m²	风量/(m³/s)	除尘器进口面积/m²
	初读	终读	实际						
1									
2									
3									

2. 除尘器阻力的测定（表7-3）

表 7-3　除尘器阻力测定结果记录表

测定次数	微压计读数			测压板断面间的静压差/Pa	比摩阻/(Pa/m)	直管长度/m	管内平均动压/Pa	管间的总阻力系数	管间的局部阻力/Pa	除尘器阻力/Pa	除尘器在标准状态下的阻力/Pa	除尘器进口界面处动压/Pa
	初读	终读	实际									
1												
2												
3												

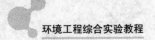

3. 除尘器效率的测定（表 7-4）

表 7-4　除尘器效率测定结果记录表

测定次数	发尘量 /g	发尘时间 /s	除尘器进口气体含尘浓度/(g/m³)	收尘量 /g	除尘器出口气体含尘浓度/(g/m³)	除尘器全效率/%
1						
2						
3						
4						

以除尘器进口气速为横坐标，除尘器全效率为纵坐标；以除尘器进口气速为横坐标，除尘器在标准状态下的阻力为纵坐标，将上述实验结果标绘成曲线。

六、实验结果讨论

1. 通过实验，你对旋风除尘器全效率（η）和阻力（ΔP）随入口气速变化规律得出什么结论？它对除尘器的选择和运行使用有何意义？

2. 实验装置对除尘器的运行使用有何意义？

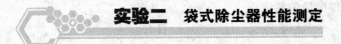

实验二　袋式除尘器性能测定

一、实验意义和目的

1. 通过本实验，加强对袋式除尘器结构形式和除尘机理的认识。

2. 掌握测定袋式除尘器主要性能的实验方法。

3. 了解过滤速度对袋式除尘器压力损失及除尘效率的影响。

二、实验原理

袋式除尘器性能与其结构形式、滤料种类、清灰方式、粉尘特性及其运行参数等有关。本实验是在其结构形式、滤料种类、清灰方式和粉尘特性已定的前提下，测定袋式除尘器主要性能，并在此基础上，测定运行参数 Q、vF 对袋式除尘器压力损失（ΔP）和除尘效率（η）的影响。

1. 处理气体流量和过滤速度的测定和计算

（1）处理气体流量的测定和计算

动压法测定：测定袋式除尘器处理气体流量（Q），应同时测出除尘器进出口连接管道中的气体流量，取其平均值作为除尘器的处理气体量：

$$Q=\frac{1}{2}(Q_1+Q_2)\quad(\text{m}^3/\text{s}) \tag{1}$$

式中　Q_1、Q_2——袋式除尘器进、出口连接管道中的气体流量，m^3/s。

除尘器漏风率（δ）按下式计算：

$$\delta = \frac{Q_1 - Q_2}{Q_1} \times 100 \quad (\%) \tag{2}$$

一般要求除尘器的漏风率＜±5％。

（2）过滤速度的计算：若袋式除尘器总过滤面积为 F，则其过滤速度 v_F 按下式计算：

$$v_F = \frac{60 Q_1}{F} \quad (\text{m/min}) \tag{3}$$

2. 压力损失的测定和计算

袋式除尘器压力损失（ΔP）为除尘器进出口管中气流的平均全压之差。当袋式除尘器进、出口管的断面面积相等时，则可采用其进、出口管中气体的平均静压之差计算，即

$$\Delta P = P_{S1} - P_{S2} \quad (\text{Pa}) \tag{4}$$

式中　P_{S1}——袋式除尘器进口管道中气体的平均静压，Pa；

P_{S2}——袋式除尘器出口管道中气体的平均静压，Pa。

袋式除尘器的压力损失与其清灰方式和清灰制度有关。本实验装置采用连续震动清灰方式。当采用新滤料时，应预先发尘运行一段时间，使新滤料在反复过滤和清灰过程中，残余粉尘基本达到稳定后再开始实验。

考虑到袋式除尘器在运行过程中，其压力损失随运行时间产生一定变化。因此，在测定压力损失时，应每隔一定时间，连续测定（一般可考虑五次），并取其平均值作为除尘器的压力损失（ΔP）。

3. 除尘效率的测定和计算

除尘效率采用质量浓度法测定，即采用等速采样法同时测出除尘器进、出口管道中气流平均含尘浓度 C_1 和 C_2，按下式计算：

$$\eta = \left(1 - \frac{C_2 Q_2}{C_1 Q_1}\right) \times 100 \quad (\%) \tag{5}$$

管道中气体含尘浓度的测定和计算方法详见实验一。由于袋式除尘器除尘效率高，除尘器进、出口气体含尘浓度相差较大，为保证测定精度，可在除尘器出口采样中，适当加大采样流量。

4. 压力损失、除尘效率与过滤速度关系的分析测定

为了求得除尘器的 v_F-η 和 v_F-ΔP 的性能曲线，应在除尘器清灰制度和进口气体含尘浓度（C_1）相同的条件下，测定出除尘器在不同过滤速度（v_F）下的压力损失（ΔP）和除尘效率（η）。

脉冲袋式除尘器的过滤速度一般为 2～4m/min，可在此范围内确定 5 个值进行实验。过滤速度的调整，可通过改变风机入口阀门开度，利用动压法测定。

考虑到实验时间的限制，可要求每组学生各完成一种过滤速度的实验测定，并在实验数据整理中将各组数据汇总，得到不同过滤速度下的 ΔP 和 η，进而绘制出实验性能曲线 v_F-η 和 v_F-ΔP。当然，应要求在各组实验中，保持除尘器清灰制度固定，除尘器进口气体含尘浓度（C_1）基本不变。

为保持实验过程中 C_1 基本不变，可根据发尘量（S）、发尘时间（τ）和进口气体流量（Q_1），按下式估算除尘器入口含尘浓度（C_1）：

$$C_1 = \frac{S}{\tau Q_1} \quad (\text{g/m}^3) \tag{6}$$

三、实验装置、流程和仪器

1. 实验装置、流程
本实验系统流程如图 7-5 所示。

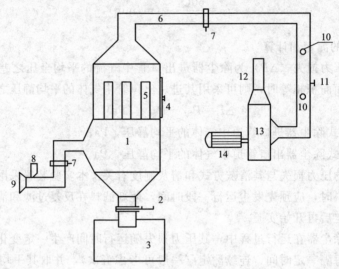

图 7-5　袋式除尘器性能实验流程图

1—除尘器本体；2—出尘阀门；3—接尘斗；4—清尘门；5—布袋；6—风管；7—测压板；

8—加尘器；9—进风口；10—取样口；11—调节阀；12—排风管；13—风机；14—电动机

本实验选用自行加工的袋式除尘器。滤料可选用工业涤纶绒布。本除尘器采用机械振打清灰方式，设有阀门用来调节除尘器处理气体流量和过滤速度。

2. 实验仪器
（1）干湿球温度计 1 支。

（2）空盒式气压表 DYM3 1 个。

（3）钢卷尺 1 个。

（4）U 形管压差计 1 个。

（5）倾斜微压计 YYT-200 型 3 台。

（6）烟尘采烟管 2 支。

（7）烟尘测试仪 SYC-1 型 2 台。

（8）秒表 1 个。

（9）分析天平 TG-328B 型（分度值 1/1000g）2 台。

（10）托盘天平（分度值 1g）1 台。

（11）干燥器 2 个。

（12）鼓风干燥箱 DF-206 型 1 台。

（13）超细玻璃纤维无胶滤筒 20 个。

四、实验方法和步骤

袋式除尘器性能的测定方法和步骤如下。

（1）测量记录室内空气的干球温度（即除尘系统中气体的温度）、湿球温度及相对湿度，计算空气中水蒸气体积分数（即除尘器系统中气体的含湿量）。测量记录当地的大气压力，记录袋式除尘器型号规格、滤料种类、总过滤面积。测量记录除尘器进出口测定断面直径和断面面积，确定测定断面分环数和测点数，做好实验准备工作。

（2）将除尘器进出口断面的静压测孔与 U 形管压差计连接。

（3）将烟尘测试仪准备好，待测流速流量用。

（4）启动风机和发尘装置，调整好发尘浓度，使实验系统达到稳定。

（5）测量进出口流速和测量进出口的含尘量，进口采样 1min，出口 5min。

（6）隔 5min 后重复上面测量，共测量三次。

（7）采样完毕，取出滤筒包好，置于鼓风干燥箱烘干后称重。计算出除尘器进、出口管道中气体含尘浓度和除尘效率。

（8）实验结束。整理好实验用的仪表、设备。计算、整理实验资料，并填写实验报告。

五、实验数据记录和整理

1. 处理气体流量和过滤速度

按式（1）计算除尘器处理气体量，按式（2）计算除尘器漏风率，按式（3）计算除尘器过滤速度。

2. 压力损失

按式（4）计算压力损失，并取 5 次测定数据的平均值作为除尘器压力损失。

3. 除尘效率

除尘效率按式（5）计算。

4. 压力损失、除尘效率与过滤速度的关系

本项是继压力损失（ΔP）除尘效率（η）和过滤速度（v_F）测定完成后，整理五组不同 v_F 下的 ΔP 和 η 资料，绘制 v_F-ΔP 和 v_F-η 实验性能曲线，并分析过滤速度对袋式除尘器压力损失和除尘效率的影响。

六、实验结果讨论

1. 测定袋式除尘器压力损失，为什么要固定其清灰制度？为什么要在除尘器稳定运行状态下连续五次读数并取其平均值作为除尘器压力损失？

2. 试根据实验性能曲线 v_F-ΔP 和 v_F-η，分析过滤速度对袋式除尘器压力损失和除尘效率的影响？

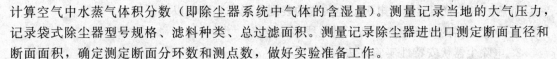

实验三　电除尘器伏安特性测定

一、实验目的

工业电除尘器一般规模较大，内部放电现象不易观察，供电线路和电气仪表的连接不能

一目了然。本实验通过模拟电极放电装置的装配、联机和测量以求了解：

    1. 电除尘器的电极配置、高压供电线路的连接。

    2. 电除尘器伏安特性实验方法。

    3. 电晕放电、火花放电外观形态。

二、实验原理

电除尘器的伏安特性是指极间电压（V）与电晕电流（I）之间的关系，以及开始产生电晕放电的起始电晕电压（V_c）和开始出现火花放电时的火花电压（V_s）。这些特性取决于电极和集尘极的几何形状与它们之间的距离，气体的温度、压力和化学成分等因素。它们通常由实验测定。

三、实验装置

    1. 模拟放电装置

电除尘器按电极配置形式大致可分为板式和管式两种。极板有 Z 型板、C 型板和波型板等，放电极有芒刺线、星形线和光圆线等。本实验采用板式电除尘器的模拟电板装置，并用两块平行金属平板模拟集尘电极，放电极采用直径为 1mm 的光滑线，见图 7-6。

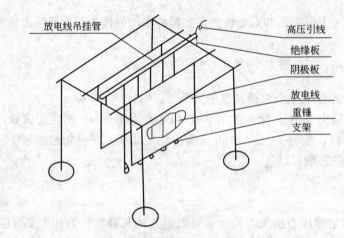

图 7-6　板式电除尘器的模拟电极

配合上述放电装置的高压供电设备，要求输出 0～100kV 的可调直流电压，允许最大电流 10mA，如采用 CGD 型尘源控制高压电源。它由控制器、高压变压器和高压硅整流器等组成，电路原理如图 7-7 所示。控制器装有调压器、过电流保护环节、电压表、电流表、信号灯和开关等。控制器接受 220V 50Hz 交流电压，经调压器输出 0～250V 可调交流电压。高压变压器将此电压升高，再经硅整流器输出直流高电压。

    2. 实验仪表

（1）交流电流表 85LI 型（A_1）。

（2）交流电压表 85LI 型（V_1）。

（3）直流毫安表 C46-mA 型或直流微安表 C46-μA 型（A_2）。

（4）高压电压表：Q4-V 型静电电压表（V_2）。

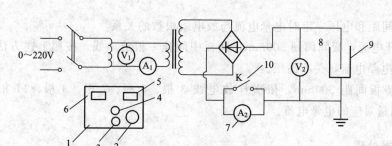

图 7-7 电路原理图

1—电源开关；2—调压器手轮；3—低压指示灯和高压关闭钮；4—高压指示灯和高压启动按钮；

5—交流电流表；6—交流电压表；7—高压电流表；8—高压电压表；

9—阳极板；10—保护开关

四、实验方法和步骤

本实验一些部件需加高电压，实验人员要切实注意安全。学生必须严格遵照指导教师的要求操作，人体离高压带电体的距离至少保持在 1.5m 以上，所有接地线必须牢固连接，高电压供电设备和通高电压的实验装置的外围必须装设安全屏护。

1. 板式电除尘器模拟电极伏安特性的测试

（1）在断电条件下安装、调节放电装置。拉下供电系统最前面的低压供电闸刀，实验人员进入安全屏护内安装、调节平板电极和放电极。可以改变的几何参数有平行平板间的距离和相邻放电极线间的距离。例如，若极板长 1m，两板间的距离可取 200mm、300mm 和 400mm 等。若选定 3 根放电线，可将平板按横向分成三个等长分区，在每个分区中心挂一根放电线。若装 4 根、5 根线时，也按同样原则布置。先选定板间距为 200mm，挂 3 根放电线。

（2）按照电路原理图连接高压引线、接地线及电压表、电流表等。

（3）实验人员撤到安全屏护外，启动高压供电设备。启动顺序：闭合向控制器供电的 220V 交流电的闸刀；转动控制器的电源开关到通的位置，低压绿色信号灯亮；将调压器手轮转到零位；按下高压启动按钮，这时高压红色信号灯亮，低压绿色信号灯灭，各个接通高压的部件均已带电。

（4）转动调压器手轮，使电压缓慢升高。当高压电压表读数到 5kV 左右时，打开保护开关 K，记录电压表 V_2 和电流表 A_2 的读数。闭合保护开关 K，继续调高电压。每次升高 5kV 左右时，记录一组电压表（V_2）和电流表（A_2）的读数。当电极间出现火花放电时，立即停止升压，记录火花电压（Vs）。

（5）转动调压器手轮，使电压下降到最低值。按下高压关闭钮，高压变压器的输入即被切断，高压红色信号灯灭，低压绿色信号号灯亮。切断控制器的电源，低压绿色信号灯随之熄灭，拉下供电闸刀。

（6）断电后的一段时间内，与高压线相连的各部件仍有残留电荷。手持放电棒的绝缘柄将其金属尖端接触可能有残留电荷的部件，使之放电。

（7）将两平行平板的间距调到 300mm 和 400mm，仍挂 3 根放电线。重复上述步骤，测定该两种几何参数下的伏安特性。

2. 当板间距和电压一定时电晕电流与放电线根数的关系

（1）断开电源，板间调到 300mm，两板中间挂一根放电线。按照上述方法将高压调到 60kV，测出电晕电流，关断高压。

（2）保持板间距 300mm，依次挂放电线 3 根、5 根、7 根、9 根、11 根，在高压为 60kV 时，测量对应的电晕电流。

五、实验数据处理

绘制板间距分别为 200mm、300mm、400mm 时的放电装置的伏安特性曲线。绘制板间距和电压固定时电晕电流与放电线根数的关系曲线。前一组曲线宜绘在单对数坐标纸上，电晕电流改变范围大，应取值于按对数划分的轴上。

六、实验结果讨论

1. 板-线电极配置中，当线距、电压一定时，电流怎样随板距改变？
2. 电晕起始电压与板间距有什么样的关系？

实验四　碱液吸收气体中的二氧化硫

一、实验目的

1. 了解用吸收法净化废气中 SO_2 的效果。
2. 改变气流速度，观察填料塔内气液接触状况和液泛现象。
3. 测定填料吸收塔的吸收效率及压降。
4. 测定化学吸收体系（碱液吸收 SO_2）。

二、实验原理

含 SO_2 的气体可采用吸收法净化。由于 SO_2 在水中溶解度不高，常采用化学吸收方法。吸收 SO_2 吸收剂种类较多，本实验采用 NaOH 或 Na_2CO_3 溶液作吸收剂，吸收过程发生的主要化学反应为：

$$2NaOH + SO_2 \longrightarrow Na_2SO_3 + H_2O$$
$$Na_2CO_3 + SO_2 \longrightarrow Na_2SO_3 + CO_2$$
$$Na_2SO_3 + SO_2 + H_2O \longrightarrow 2NaHSO_3$$

实验过程中通过测定填料吸收塔进出口气体中 SO_2 的含量，即可近似计算出吸收塔的平均净化效率，进而了解吸收效果。气体中 SO_2 含量的测定采用：甲醛缓冲溶液吸收-盐酸副玫瑰苯胺比色法。

实验中通过测出填料塔进出口气体的全压，即可计算出填料塔的压降；若填料塔的进出口管道直径相等，用 U 形管压差计测出其静压差即可求出压降。

三、实验装置、流程仪器设备和试剂

1. 实验装置、流程、仪器设备和试剂

实验装置流程如图 7-8 所示。

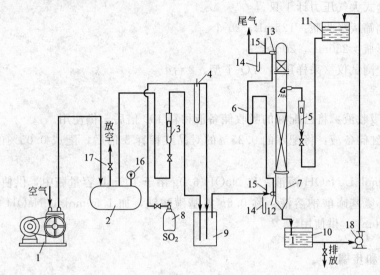

图 7-8　SO₂ 吸收实验装置

1—空压机；2—缓冲罐；3—转子流量计（气）；4—毛细管流量计；5—转子流量计（水）；
6—压差计；7—填料塔；8—SO₂ 钢瓶；9—混合缓冲器；10—受液槽；
11—高位液槽；12,13—取样口；14—压力计；15—温度计；
16—压力表；17—放空阀；18—泵

吸收液从高位液槽通过转子流量计，由填料塔上部经喷淋装置进入塔内，流经填料表面，由塔下部排到受液槽。空气由空压机经缓冲罐后，通过转子流量计进入混合缓冲器，并与 SO₂ 气体相混合，配制成一定浓度的混合气。SO₂ 来自钢瓶，并经毛细管流量计计量后进入混合缓冲器。含 SO₂ 的空气从塔底进气口进入填料塔内，通过填料层后，尾气由塔顶排出。

2. 实验仪器设备

(1) 空压机 1 台。

(2) 液体 SO₂ 钢瓶 1 瓶。

(3) 填料塔 1 个：$D=700\text{mm}$；$H=650\text{mm}$。

(4) 填料：$\phi=5\sim8\text{mm}$ 瓷杯，若干。

(5) 泵：扬程 3m，流量 400L/h，1 台。

(6) 缓冲罐：容积 1m³，1 个。

(7) 高位液槽 1 个。

(8) 混合缓冲罐：0.5m³，1 个。

(9) 受液槽 1 个。

(10) 转子流量计（水），10~100L/h LZB-10，1 个。

(11) 转子流量计（气），4~40m³/h LZB-40，1 个。

(12) 毛细管流量计：0.1~0.3mm，1 个。

(13) U 形管压力计：200mm，3 只。

(14) 压力表 1 只。

(15) 温度计：0~100℃，2 支。

(16) 空盒式大气压力计 1 只。

(17) 玻璃筛板吸收瓶：125mL，20 个。

(18) 锥形瓶：250mL，20 个。

(19) 烟尘测试仪（采样用）：YQ-Ⅰ型，2 台。

3. 试剂

(1) 甲醛吸收液：将已配好的吸收储备液稀释 100 倍后，供使用。

(2) 对品红储备液：将配好的 0.25％的对品红稀释 5 倍后，配成 0.05％的对品红储备液，供使用。

(3) 1.50mol/L NaOH 溶液：称 NaOH 6.0g 溶于 100mL 容量瓶中，供使用。

(4) 0.6％氨基磺酸钠溶液：称 0.6g 氨基磺酸钠，加 1.50mol/L NaOH 溶液 4.0mL，用水稀释至 100mL，供使用。

四、实验方法和步骤

(1) 按图正确连接实验装置，并检查系统是否漏气，关严吸收塔的进气阀，打开缓冲罐上的放空阀，并在高位液槽中注入配置好的碱溶液。

(2) 在玻璃筛板吸收瓶内装入采样用的吸收液 50mL。

(3) 打开吸收塔的进液阀，并调节液体流量，使液体均匀喷布，并沿填料表面缓慢流下，以充分润湿填料表面，当液体由塔底流出后，将液体流量调至 35L/h 左右。

(4) 开启空压机，逐渐关小放空阀，并逐渐打开吸收塔的进气阀。调节空气流量，使塔内出现液泛。仔细观察此时的气液接触状况，并记录下液泛时的气速（由空气流量计算）。

(5) 逐渐减小气体流量，消除液泛现象。调气体流量计到接近液泛现象且吸收塔正常工作时开启 SO₂ 气瓶，使气体中 SO₂ 含量为 0.01％~0.5％（体积分数）（建议空气流量 20m³/h，SO₂ 气体流量 0.5m³/h），稳定运行 5min，取三个平行样。

(6) 取样完毕调整液体流量计到 30L/h、20L/h、10L/h，稳定运行 5min，取三个平行样。

(7) 实验完毕，先关进气阀，待 2min 后停止供液。

五、分析方法及计算

1. 分析方法

(1) SO₂ 瞬时浓度及排放量测量原理

将烟尘测试仪的采样管放入采样口，抽取含有 SO₂ 的烟气，通过 SO₂ 电化学传感器，分别发生如下反应：

$$SO_2 + 2H_2O \longrightarrow SO_4^{2-} + 4H^+ + 2e^-$$

传感器输出电流的大小在一定条件下与 SO₂ 的浓度成正比，所以测量传感器输出的电流即可计算出 SO₂ 的瞬时浓度；同时仪器根据检测到的烟气排放量等参数计算出 SO₂ 的排放量。

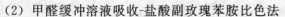

（2）甲醛缓冲溶液吸收-盐酸副玫瑰苯胺比色法

原理：二氧化硫被甲醛缓冲液吸收后，发生化学反应生成稳定的羧甲酸基磺酸加成化合物，加碱后又释放出二氧化硫，与盐酸副玫瑰苯胺作用，生成紫红色化合物，根据其颜色深浅，比色测定。

比色步骤如下：

① 待测样品混合均匀后取 10mL 放入试管中；

② 向试管中加入 0.5mL 0.6%的氨基磺酸钠溶液，和 0.5mL 的 1.50mol/L NaOH 溶液混合均匀后，再加入 1.00mL 的 0.05%对品红混合均匀，20min 后比色；

③ 比色时将波长调至 577Å。将待测样品放入 1cm 的比色皿中，同时用蒸馏水放入另一个比色皿中作参比，测其吸光度（如果浓度高时，可用蒸馏水稀释后再比色）。

2. 计算

$$二氧化硫浓度(\mu g/m^3) = \frac{(Ak - A_0) \times B_s}{V_S} \times \frac{L_1}{L_2}$$

式中　Ak——样品溶液的吸光度；

A_0——试剂空白溶液吸光度；

B_s——校正因子，$\mu gSO_2/(吸光度/15mL)$，$B_s = 0.044\mu gSO_2/(吸光度/15mL)$；

V_S——换算成参比状态下的采样体积，L；

L_1——样品溶液总体积，mL；

L_2——分析测定时所取样品溶液体积，mL。

测定浓度时注意稀释倍数的换算。

六、记录实验数据及分析结果

1. 填料塔的平均净化效率（η）

$$\eta = \left(1 - \frac{c_2}{c_1}\right) \times 100\%$$

式中　c_1——填料塔入口处二氧化硫浓度，mg/m^3；

c_2——填料塔出口处二氧化硫浓度，mg/m^3。

2. 计算出填料塔的液泛速度

$$v = Q/F$$

式中　Q——气体流量，m^3/h；

F——填料塔截面积，m^2。

实验结果整理成表（表 7-5）。

表 7-5　实验结果及整理

序号	气体流量 /(L/h)	吸收液	液气比	液泛速度 /(m/s)	空速/h⁻¹	塔内气液 接触情况	净化效率 /%
1							
2							
3							
4							

3. 液量与效率的曲线 Q-η

绘出曲线。

七、实验结果讨论

1. 从实验结果标绘出的曲线，试分析你可以得出哪些结论？
2. 通过实验，你有什么体会？对实验有何改进意见？

实验五 活性炭吸附气体中的二氧化硫

一、实验目的和意义

活性炭吸附广泛用于防止大气污染、水质污染和有毒气体净化领域。用吸附法净化二氧化硫尾气是一种简便、有效的方法。通过吸附剂的物理吸附性能将污染气体分子吸附在吸附剂上，经过一段时间，达到饱和，然后解吸使吸附质解吸下来达到净化回收目的，吸附剂解吸后重复使用。

本实验采用玻璃夹套式 U 形管吸附器，用活性炭作为吸附剂，吸附净化浓度为 2500×10^{-6} 的模拟尾气，得出吸附净化效率和转效时间数据。

通过本实验应达到以下目的：

1. 掌握吸附法净化有害废气的原理和特点。
2. 了解活性炭吸附剂在尾气净化方面的性能和作用。
3. 了解活性炭吸附、解吸、样品分析和数据处理的技术。

二、实验原理

活性炭有较大的比表面积（可达到 $1000m^2/g$）和较高的物理吸附性能。吸附二氧化硫是可逆过程，在一定温度和气体压力下达到吸附平衡，而在高温、减压下被吸附的二氧化硫又被解吸出来，活性炭得到再生。

在工业应用上，由于活性炭填充的操作条件依活性炭的种类，特别是吸附细孔的比表面积、孔径分布以及填充高度、装填方法、原气条件不同而异，所以通过实验应该明确吸附净化尾气系统的影响因素较多，操作条件是否直接关系到方法的技术经济性。

三、实验装置、流程、仪器和试剂

1. 实验装置、流程

本实验采用一夹套式 U 形管吸附器，吸附器内装填活性炭。吸附器如图 7-9 所示。

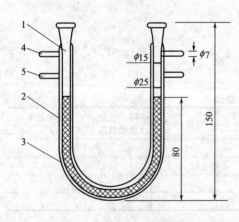

图 7-9 吸附器结构简图

1—吸附器；2—吸附层；3—保温夹套；

4—内管送气口；5—夹套蒸气进口

2. 实验设备规格及试剂

（1）吸附器 1 个。

（2）活性炭，果壳，粒径 200 目。

（3）稳压阀，YJ-0.6 型，1 个。

（4）蒸气瓶，1 只。

（5）冷凝器，1 只。

（6）加热套，M-106 型，1 个，功率 $W=500W$。

（7）取样瓶，见图 7-10。

（8）医用注射器，容积 $V=5mL$，1 只；$V=2mL$，1 只。

（9）72 型分光光度计，1 台。

（10）调压器，TDGC-0.5 型，1 台，功率 $W=500W$。

图 7-10　取样瓶简图

3. 试剂

（1）甲醛吸收液：将已配好的吸收储备液稀释 100 倍后，供使用。

（2）对品红储备液：将配好的 0.25% 的对品红稀释 5 倍后，配成 0.05% 的对品红储备液，供使用。

（3）1.50mol/L NaOH 溶液：称 NaOH 6.0g 溶于 100mL 容量瓶中，供使用；

（4）0.6% 氨基磺酸钠溶液：称 0.6g 氨基磺酸钠，加 1.50mol/L NaOH 溶液 4.0mL，用水稀释至 100mL，供使用。

四、实验操作步骤

实验前根据原气浓度确定合适的装炭量和气体流量，一般预选气体浓度为 2500×10^{-6} 左右，气体流量约 50L/h，装炭量 10g。吸附阶段需控制气体流量，保持气流稳定；在气流稳定流动的状态下，定时取净化后的气体样品测定其浓度；确定等温操作条件下活性炭吸附二氧化硫的效率和时间。实验操作步骤如下。

（1）准备 SO_2 吸收液：将 25mL 甲醛吸收液注入圆底吸收瓶中，用胶皮塞盖好，并抽成负压，准备 15 个，供使用。

（2）取原气样品三个，每个取 2mL 于吸收瓶中，待测定。

（3）检查管路系统，通过调节阀门使系统处于吸附状态。

（4）通过调节阀门使转子流量计调至刻度 10；同时记录开始吸附的时间。

（5）运行 10min 后开始取样，每次取三个样，每次样品取 10mL 于吸收瓶中。

（6）调转子流量计刻度 20，30，40，按上面同样取样。

（7）实验停止，关闭阀门。

（8）实验结果取样分析采用甲醛缓冲溶液吸收-盐酸副玫瑰苯胺比色法。

五、分析方法及计算

1. 分析方法
同实验四。

2. 计算

$$二氧化硫浓度(\mu g/m^3) = \frac{(Ak - A_0) \times B_s}{V_S} \times \frac{L_1}{L_2}$$

式中　Ak——样品溶液的吸光度；

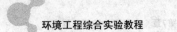
A_0——试剂空白溶液吸光度；

B_s——校正因子，$\mu g\ SO_2/($吸光度$/15mL)$，$B_s = 0.044 \mu g\ SO_2/($吸光度$/15mL)$；

V_S——换算成参比状态下的采样体积，L；

L_1——样品溶液总体积，mL；

L_2——分析测定时所取样品溶液体积，mL。

测定浓度时，注意稀释倍数的换算。

六、实验结果及整理

1. 记录实验数据及分析结果。

2. 根据实验结果绘出净化效率随吸附操作时间（t）的变化曲线。

七、实验结果讨论

1. 活性炭吸附二氧化硫随时间的增加吸附净化效率逐渐降低，试从吸附原理出发分析活性炭的吸附容量及操作时间。

2. 随吸附温度的变化，吸附量也发生变化，根据等温吸附原理简单分析温度对吸附效率的影响。

 实验六　催化转化法去除汽车尾气中的氮氧化物

随着我国汽车保有量的持续增长，国际上排放法规的日趋严格，以及柴油车、稀燃汽油车、替代燃料车等在减排与节能方面的优越性日益受到重视，汽车尾气中的主要污染物氮氧化物（NO_x）在富氧条件下的排放控制变得越来越紧迫，而其中最有效易行的就是发动机外催化转化法——通过在尾气排放管上安装的催化转化器将 NO_x 转化为无害的氮气（N_2）。本实验在内容和形式上都接近于当前国际上这一前沿科研课题。

一、实验目的

通过本实验的学习，不但可以深入了解该研究领域，更可加深对课程中催化转化法去除污染物相关章节的理解，并掌握相关的实验方法与技能。

二、实验原理

以钢瓶气为气源，以高纯氮气为平衡气，模拟汽车尾气一氧化氮（NO）和氧气（O_2）浓度，设定其流量，在多个温度下，通过测量催化剂反应器进出口气流中 NO_x 的浓度，评价催化剂对 NO_x 的去除效率。

$$去除效率(\%) = \frac{入口浓度 - 出口浓度}{入口浓度} \times 100\%$$

通过改变气体总流量改变反应的空速（气体量与催化剂样品量之比，h^{-1}），通过调节NO的进气量改变其入口浓度，通过钢瓶气加入二氧化硫（SO_2），评价催化剂在不同空速、不同 NO 入口浓度及毒剂 SO_2 存在条件下的活性。

三、实验装置和用品

汽车尾气后处理实验系统，氮氧化物分析仪；实验用高压钢瓶气 N_2、NO、O_2、丙烯（C_3H_6）、SO_2，Ag/Al_2O_3 催化剂样品；烟尘测试仪。

四、实验方法和步骤

1. 活性评价部分

（1）称量催化剂样品约 500mg，装填于反应器中。

（2）连接实验系统气路，检查气密性。

（3）调节质量流量计设置各气体流量，使总流量约为 350mL/min，NO 浓度约为 2000×10^{-6}，O_2 约为 5%，C_3H_6 约为 1000×10^{-6}，设置气路为旁通（气体不经过反应器），测量并记录不经催化转化的 NO_x 浓度，即入口浓度。

（4）切换气路使气体通过反应器，设定反应器温度为 150℃。

（5）待温度稳定后观测 NO_x 浓度，待其稳定后记录下来，此为 NO_x 的出口浓度。

（6）将反应器温度升高 50℃，重复步骤（5），直至 550℃。

（7）关闭气瓶及仪器，关闭系统电源，整理实验室。

2. 空速影响部分

在催化剂活性最高的两个温度下，通过改变总气量改变反应空速，测定催化剂的活性。

3. NO 入口浓度影响部分

在催化剂活性最高的两个温度下，通过改变 NO 的流量改变其入口浓度，测定催化剂对 NO_x 的去除效率。

4. SO_2 影响部分

在催化剂活性最高的两个温度下，通入不同浓度的 SO_2，测定催化剂的活性。

五、实验数据记录

实验数据记入表 7-6 中。

表 7-6　数据记录表

实验日期：				记录人：	
催化剂：		质量/mg：			
气体	N_2	NO	O_2	C_3H_6	SO_2
流量/(mL/min)					
浓度	—				
空速：					
出口浓度/$\times10^{-6}$					
转化效率/%					

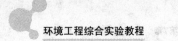

六、实验结果分析与讨论

1. 作效率-温度、效率-空速、效率-NO 入口浓度或效率-SO₂ 浓度图（附后）。
2. 计算最佳条件下催化剂的活性。
3. 对实验中测定条件下的催化剂去除氮氧化物的性能进行评价。

七、任选思考题

1. 谈谈对 NO 选择性催化还原（SCR）的认识（写出反应方程式）。
2. 实验中存在哪些问题和尚需改进的地方？

实验七　油烟净化器性能测定

随着《饮食业油烟排放标准（试行）》的正式颁布实施，越来越多的饮食业单位采用或者将会采用各种类型的油烟净化器，静电型油烟净化器就是其中比较有优势的一种。本实验就选用静电型油烟净化器。

一、实验目的

1. 通过实验初步了解静电法去除油烟的原理。
2. 掌握红外分光光度法测量油的含量。
3. 掌握油烟净化器性能测定的主要内容和方法，并且对影响油烟净化器性能的主要因素有较全面的理解，同时进一步了解油烟净化器的流量与油烟净化效率的关系。

二、实验原理

1. 气体状态参数测定

空气状态参数决定了空气所处的状态，因此可以通过测定空气状态参数，将净化器运行状态下的油烟换算成标准状态下的油烟，以便于互相比较。空气状态参数包括油烟的温度、密度、相对湿度和大气压力。油烟的温度和相对湿度可用干湿球温度计直接测定；大气压力由大气压力计测定；油烟密度由下式计算：

$$\rho_g = P/RT = P/287T$$

式中　ρ_g——油烟密度，kg/m^3；

R——大气压力，Pa；

T——烟气温度，K。

2. 油烟净化器处理风量测定与计算

（1）油烟平均流速计算：用毕托管测量头测量。

（2）烟气净化器平均处理风量（m^3/s）计算：

$$Q = F_1 V_1$$

式中 V_1——烟气进口流速，m/s；

$\quad\quad F_1$——烟气管道截面积，m^2。

三、实验装置、流程和仪器

1．实验装置、流程

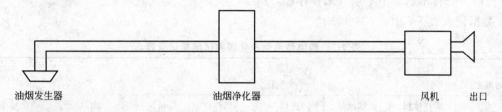

油烟发生器　　　　　　　油烟净化器　　　　　　　风机　　出口

2．实验仪器和试剂

（1）BN2000 型智能油烟采样仪 1 台。

（2）数字温度计 1 台。

（3）红外分光光度计 1 台。

（4）超声波清洗器 1 台。

（5）50mL 容量瓶 10 个。

（6）优级纯四氯化碳 500mL。

（7）食用色拉油 300mL。

（8）25mL 比色管 10 个。

（9）烟尘测试仪。

四、实验方法和步骤

（1）调好 BN2000 型智能油烟采样仪。先检查系统的气密性，然后把采样管与干湿球测湿计的干球一侧用橡胶管连接起来。湿球一侧接口与除硫干燥器用橡胶管连接起来，将采样管推入烟道中的测量点，然后以 15～20L/min 的流量抽气，即可测含湿量。

（2）测定烟气净化器处理风量。利用 BN2000 型智能油烟采样仪自身配备的毕托管测定烟气管道风速、风量。

（3）采样。根据烟气管道风速、风量，选择相应的采样嘴。准备完毕后进行测样。在每种风量下，进出口各测一次，每次采样时间为 10min。

（4）调节风机，重复以上步骤。

（5）将采样滤筒中的油烟转移到比色管中。把采样后的滤筒用优级纯四氯化碳 12mL，浸泡在清洗杯中，盖好清洗杯盖，置于超声仪中，超声清洗 10min；把清洗液转移到 25mL 比色管中；再在清洗杯中加入 6mL 四氯化碳超声清洗 5min；把清洗液同样转移到 25mL 比色管中；再用少许四氯化碳清洗滤筒及清洗杯两次，清洗液一并转移到 25mL 比色管中，加入四氯化稀释至刻度标线。

（6）红外分光光度法测定油烟浓度。

五、实验数据的计算和处理

红外分光光度法测定的油烟浓度是油烟在四氯化碳中的浓度，需要将其转化为实际中的油烟排放浓度。计算公式为：

$$c_0 = (c_L \times V_L / 1000) / V_0$$

式中　c_0——油烟排放浓度，mg/m^3；

　　　c_L——滤筒清洗液油烟浓度，mg/L；

　　　V_L——滤筒清洗液稀释定容体积，mL；

　　　V_0——标准状态下干烟气采样体积，m^3。

数据记入表 7-7 中。

表 7-7　静电型油烟净化器测试结果记录表

日期：　　　　　　　　　　　　记录人：

相对湿度：　　　　　　　　　　大气压：

序号	采样体积/L	油烟流量/(m³/h)	进口/(mg/L)	出口/(mg/L)	进口/(mg/m³)	出口/(mg/m³)	净化效率/%
1							
2							
3							
4							
5							

注：前面进出口浓度是油烟在四氯化碳中的浓度。后面的进出口浓度是油烟在空气中的浓度。

六、实验结果讨论

在本实验中，随着烟气流量变化，静电型油烟净化器净化效率将会发生怎样的变化？

实验八　室内空气污染监测

室内空气污染监测，是评价居住环境的一项重要指标。

通过本实验应达到以下目的：

1. 掌握酚试剂分光光度法和离子色谱法测定空气中甲醛浓度的方法。

2. 掌握气相色谱法测定空气中苯系物的方法。

3. 掌握纳氏试剂比色法测定空气中氨的方法。

一、空气中甲醛浓度的测定

甲醛的测定方法有乙酰丙酮分光光度法、变色酸分光光度法、酚试剂分光光度法、离子色谱法等。其中乙酰丙酮分光光度法灵敏度略低，但选择性较好，操作简便，重现性好，误差小。变色酸分光光度法显色稳定，使用很浓的强酸，使操作不便，且共存的酚干扰测定。酚试剂分光光度法灵敏度高，在室温下即可显色，但选择性较差，该法是目前测定甲醛较好的方法。离子色谱法是个新方法，建议试用。近年来随着室内污染监测的开展，出现了无动力取样分析方法，该法简单、易行，是一种较理想的室内测定方法。

下面重点介绍酚试剂分光光度法和离子色谱法。

（一）酚试剂分光光度法

1. 实验原理

甲醛与酚试剂反应生成嗪，在高铁离子存在下，嗪与酚试剂的氧化产物反应生成蓝绿色化合物。在波长 630nm 处，用分光光度法测定，反应方程式如下：

本法检出限为 0.1μg/5mL，当采样体积为 10L 时，最低检出浓度为 0.01mg/m³。

2. 实验仪器与试剂

（1）仪器

① 大型气泡吸收管：10mL。

② 空气采样器：流量范围 0～2L/min。

③ 具塞比色管：10mL。

④ 分光光度计。

（2）试剂

① 吸收液：称取 0.10g 酚试剂（MBTH），溶于水中，稀释至 100 mL，即为吸收原液，储存于棕色瓶中，在冰箱内可以稳定 3d。采样时取 5.0mL 原液加入 95mL 水，即为吸收液。

② 硫酸铁铵溶液（1%）：称取 1.0g 硫酸铁铵，用 0.10mol/L 盐酸溶液溶解，并稀释至 100mL。

③ 甲醛标准溶液：量取 10mL 浓度为 36%～38%甲醛，用水稀释至 500mL，用碘量法标定甲醛溶液浓度。使用时，先用水稀释成每毫升含 10.0μg 的甲醛溶液。然后立即吸取 10.00mL 此稀释溶液于 100mL 容量瓶中，加 5.0mL 吸收原液，再用水稀释至标线。此溶液每毫升含 1.0μg 甲醛。放置 30min 后，用此溶液配制标准色列，此标准溶液可稳定 24h。

标定方法：吸取 5.00 mL 甲醛溶液于 250mL 碘量瓶中，加入 40.00mL 0.10mol/L 碘溶液，立即逐滴加入浓度为 30%氢氧化钠溶液，至颜色褪至淡黄色为止。放置 10min，用 5.0mL 盐酸溶液（1＋5）酸化（做空白滴定时需多加 2mL）。放置暗处 10min，加入 100～

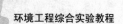

150mL 水，用 0.1mol/L 硫代硫酸钠标准溶液滴定至淡黄色，加 1.0mL 新配制的 5% 淀粉指示剂，继续滴定至蓝色刚刚褪去。

另取 5mL 水，同上法进行空白滴定。

按下式计算甲醛溶液浓度：

$$c_f = \frac{(V_0 - V) \times c_{Na_2S_2O_3} \times 15.0}{5.00}$$

式中　c_f——被标定的甲醛溶液的浓度，g/L；

　V_0、V——分别为滴定空白溶液、甲醛溶液所消耗硫代硫酸钠标准溶液体积，mL；

　$c_{Na_2S_2O_3}$——硫代硫酸钠标准溶液浓度，mol/L；

　15.0——相当于 1L 1mol/L 硫代硫酸钠标准溶液的甲醛（$1/2\ CH_2O$）的质量，g。

3. 采样与测定

（1）采样　用一个内装 5.0 mL 吸收液的气泡吸收管，以 0.5L/min 流量采气 10L。

（2）测定步骤

① 标准曲线的绘制：取 8 支 10mL 比色管，按表 7-8 配制标准系列。

表 7-8　甲醛标准系列

管号	0	1	2	3	4	5	6	7
甲醛标准溶液/mL	0	0.10	0.20	0.40	0.60	0.80	1.00	1.50
吸收液/mL	5.00	4.90	4.80	4.60	4.40	4.20	4.00	3.50
甲醛含量/μg	0	0.10	0.20	0.40	0.60	0.80	1.00	1.50

然后向各管中加入 1% 硫酸铁铵溶液 0.40mL，摇匀。在室温下（8～35℃）显色 20min。在波长 630nm 处，用 1cm 比色皿，以水为参比，测定吸光度。以吸光度对甲醛含量（μg）绘制标准曲线。

② 样品的测定：采样后，将样品溶液移入比色皿中，用少量吸收液洗涤吸收管，洗涤液并入比色管，使总体积为 5.0mL。室温下（8～35℃）放置 80min 后，以下操作同标准曲线的绘制。

4. 计算

$$c_f = \frac{W}{V_n}$$

式中　c_f——空气中甲醛的含量，mg/m^3；

　W——样品中甲醛含量，μg；

　V_n——标准状态下采样体积，L。

5. 注意事项

（1）绘制标准曲线时与样品测定时温差不超过 2℃。

（2）标定甲醛时，在摇动下逐滴加入 30% 氢氧化钠溶液，至褪色明显，再摇片刻，待褪成淡黄色，放置后应褪至无色。若碱量加入过多，则 5mL 盐酸溶液不足以使溶液酸化。

（3）当有二氧化硫共存时，会使结果偏低，可以在采样时，使气样先通过装有硫酸锰滤纸的过滤器，排除干扰。

（二）离子色谱法

1. 实验原理

空气中的甲醛经活性炭富集后，在碱性介质中用过氧化氢氧化成甲酸。用具有电导检测器的离子色谱仪测定甲酸的峰高，以保留时间定性，峰高定量，间接测定甲醛浓度。

方法的检出限为 $0.06\mu g/mL$，当采样体积为 48L，样品定容 25mL，进样量为 $200\mu L$ 时，最低检出浓度为 $0.03mg/m^3$。

2. 实验仪器与试剂

（1）仪器

① 玻璃砂芯漏斗：G_4。

② 空气采样器：流量 $0\sim 1L/min$。

③ 微孔滤膜：$0.45\mu m$。

④ 超声波清洗器。

⑤ 离子色谱仪：具电导检测器。

（2）试剂

① 活性炭吸附采样管（商品活性炭采样管）。

② 淋洗液（$c_{Na_2B_4O_7\cdot 10H_2O} = 0.005mol/L$）：称取 1.907g 四硼酸钠（$Na_2B_4O_7\cdot 10H_2O$），溶解于少量水，移入 1000mL 容量瓶中，用水稀释至标线，混匀。

③ 甲酸标准储备液：称取 0.5778g 甲酸钠（$HCOONa\cdot 2H_2O$），溶解于少量水中，移入 250mL 容量瓶中，用水稀释至标线，混匀。该溶液每毫升含 $1000\mu g$ 甲酸根离子。

分析样品时，用去离子水将甲酸标准储备液稀释成与样品水平相当的甲酸标准使用溶液。

3. 采样与测定

（1）采样　打开活性炭采样管两端封口，按说明书将一端连接在空气采样器入口处，以 $0.2L/min$ 的流量，采样 4h。采样后，用胶帽将采样管两端密封，带回实验室。

（2）测定步骤

① 离子色谱条件的选择：按以下各项选择色谱条件。

淋洗液：0.005mol/L 四硼酸钠溶液。

流量：1.5mL/min。

纸速：4mm/min。

柱温：室温 ± 0.5℃（不低于 18℃）。

进样量：$200\mu L$。

② 样品溶液的制备：将采样管内的活性炭全部取出，置于已盛有 1.50mL 水、2mL 0.05mol/L 氢氧化钠溶液、1.50mL 0.3％过氧化氢水溶液的小烧杯中，在超声清洗器中提取处理 20min，放置 2h。用 $0.45\mu m$ 滤膜过滤于 25mL 容量瓶中，然后分次各用 2.0mL 水洗涤烧杯及活性炭，洗涤液并入容量瓶中，并用水稀释至标线，混匀，即为待测样品溶液。

③ 样品的测定：按所用离子色谱仪的操作要求分别测定标准溶液、样品溶液，得出峰高值。以单点外标法或绘制标准曲线法，由甲酸根离子的浓度换算出空气中甲醛的浓度。

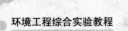
4. 计算

$$c_f = \frac{HKV_t}{V_n\eta} \times \frac{30.03}{45.02}$$

式中　　　c_f——空气中甲醛的含量，mg/m^3；

　　　　　H——样品溶液中甲酸根离子的峰高，mm；

　　　　　K——定量校正因子，即标准溶液中甲酸根离子浓度与其峰高的比值，$g/(L\cdot m)$；

　　　　　V_t——样品溶液总体积，mL；

　　　　　η——甲醛的解吸效率；

　　　　　V_n——标准状态下的采样体积，L；

30.03，45.02——分别为1mol甲醛分子、甲酸根离子的质量，g。

5. 注意事项

（1）活性炭采样管由于性能不稳定，因此每批活性炭采样管应抽3～5支，以测定甲醛的解吸效率，供计算结果使用。

（2）如乙酸产生干扰，淋洗液四硼酸钠浓度应改用0.0025mol/L，甲酸和乙酸的分离度有所提高。

（3）当乙酸的浓度为甲酸的5倍，可溶性氯化物为甲酸浓度200倍时，对甲酸测定有影响，改变淋洗液的浓度，可增加甲酸和乙酸的分离度。

二、空气中苯系物的浓度测定

测定环境空气中苯系物，可采用活性炭吸附取样、低温冷凝取样，然后用气相色谱法测定。常见的测定方法及特点见表7-9，下面重点介绍 DNP＋Bentane 柱（CS_2 解吸）法。

表7-9　环境空气中苯系物各种气相色谱测定方法及性能比较

测定方法	原　理	测定范围	特　点
DNP ＋ Bentane柱(CS_2 解吸)法	用活性炭吸附采样管富集空气中苯、甲苯、乙苯、二甲苯后，加二硫化碳解吸，经DNP＋Benrane 色谱柱分离，用火焰离子化检测器测定。以保留时间定性，峰高（或峰面积）定量	当采样体积为 100L 时，最低检出浓度：苯 0.005mg/m^3；甲苯 0.004mg/m^3；二甲苯及乙苯均为 0.010mg/m^3	可同时分离测定空气中丙酮、苯乙烯、乙酸乙酯、乙酸丁酯、乙酸戊酯，测定面广
PEG-6000 柱（CS_2解吸进样)法	用活性炭管采集空气中苯、甲苯、二甲苯，用二硫化碳解吸进样，经 PEG-6000柱分离后，用氢焰离子化检测器检测，以保留时间定性，峰高定量	对苯、甲苯、二甲苯的检测限分别为：$0.5\times10^{-3}\mu g$、$1\times10^{-3}\mu g$，$2\times10^{-3}\mu g$（进样1μL 液体样品）	只能测苯、甲苯、二甲苯、苯乙烯
PEG-6000 柱（热解吸进样)法	用活性炭管采集空气中苯、甲苯、二甲苯，热解吸后进样，经 PEG-6000 柱分离后，用氢焰离子化检测器检测，以保留时间定性，峰高定量	对苯、甲苯、二甲苯的检测限分别为：$0.5\times10^{-3}\mu g$、$1\times10^{-3}\mu g$，$2\times10^{-3}\mu g$（进样1μL 液体样品）	解吸方便，效率高
邻苯二甲酸二壬酯-有机皂土柱	苯、甲苯、二甲苯气样在－78℃浓缩富集，经邻苯二甲酸二壬酯及有机皂土色谱柱分离，用氢火焰离子化检测器测定	检出限：苯 0.4mg/m^3、二甲苯 1.0mg/m^3(1mL 气样)	样品不稳定，需尽快分析

1. 实验原理

见表7-9。

2. 实验仪器与试剂

（1）仪器

① 容量瓶：5mL、100mL。

② 无分度吸管：1mL、5mL、10mL、15mL 及 20mL。

③ 微量注射器：10μL。

④ 气相色谱仪：具氢火焰离子化检测器。

⑤ 空气采样器：流量 0~1L/min。

⑥ 活性炭吸附采样管：长 10cm、内径 6mm 玻璃管，内装 20~50 目粒状活性炭 0.5g（活性炭预先在马弗炉内经 350℃灼烧 3h，放冷后备用），分 A、B 两段，中间用玻璃棉隔开。

（2）试剂

① 苯系物：苯、甲苯、乙苯、邻二甲苯、对二甲苯、间二甲苯，均为色谱纯试剂。

② CS_2：使用前必须纯化，并经色谱检验，进样 5μL，在苯与甲苯峰之间不出峰方可使用。

③ 苯系物标准储备液：分别吸取苯、甲苯、乙苯、二甲苯各 10.0μL 于装有 90mL 经纯化的 CS_2 的 100mL 容量瓶中，用 CS_2 稀释至标线，再取此标液 10.0mL 于装有 80mL CS_2 的 100mL 容量瓶中，并稀释至标线。此储备液每毫升含苯 8.8μg，乙苯 8.7μg，甲苯 8.7μg，对二甲苯 8.6μg，间二甲苯 8.7μg，邻二甲苯 8.8μg。

此储备液在 4℃可保存一个月。

3. 采样与测定

（1）采样　用乳胶管连接采样管 B 段与空气采样器的进气口，并垂直放置，以 0.5L/min 流量，采样 100~400min。采样后，用乳胶管将采样管两端套封，10d 内测定。

（2）测定步骤

① 色谱条件的选择：按以下各项选择色谱条件。

柱温：64℃。

气化室温度：150℃。

检测室温度：150℃。

载气（氮气）流量：50mL/min。

燃气（氢气）流量：46mL/min。

助燃气（空气）流量：320mL/min。

② 标准曲线的绘制：分别取苯系物各储备液 0mL、5.0mL、10.0mL、15.0mL、20.0mL、25.0mL 于 100mL 容量瓶中，用 CS_2 稀释至标线，摇匀。其浓度见表 7-10。

表 7-10　苯系物各品种不同浓度的配置表

编号	0	1	2	3	4	5
苯、邻二甲苯标准储备液体积/mL	0	5.0	10.0	15.0	20.0	25.0
稀释至 100mL 后的浓度/(mg/L)	0	0.44	0.88	1.32	1.76	2.20
甲苯、乙苯、间二甲苯标准储备液体积/mL	0	5.0	10.0	15.0	20.0	25.0
稀释至 100mL 后的浓度/(mg/L)	0	0.44	0.87	1.31	1.74	2.18
对二甲苯标准储备液体积/mL	0	5.0	10.0	15.0	20.0	25.0
稀释至 100mL 后的浓度/(mg/L)	0	0.43	0.86	1.29	1.72	2.15

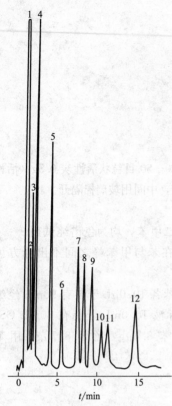

图 7-11　苯系物各组分色谱图

1—二硫化碳；2—丙酮；3—乙酸乙酯；
4—苯；5—甲苯；6—乙酸丁酯；7—乙
苯；8—对二甲苯；9—间二甲苯；10—邻
二甲苯；11—乙酸戊酯；12—苯乙烯

再加热解吸，用 GC 法测定。

另取 6 支 5mL 容量瓶，各加入 0.25g 粒状活性炭及 0～5 号的苯系物标液 2.00mL，振荡 2min，放置 20min 后，在上述色谱条件下，各进样 5.0μL。色谱图如图 7-11 所示，测定标样的保留时间及峰高（峰面积），以峰高（或峰面积）对含量，绘制标准曲线。

③ 样品的测定：将采样管 A 段和 B 段活性炭，分别移入 2 只 5mL 容量瓶中，加入纯化过的二硫化碳 2.00mL，振荡 2min，放置 20min 后，吸取 5.0μL 解吸液注入色谱仪，记录保留时间和峰高（或峰面积）。以保留时间定性，峰高（或峰面积）定量。

4. 计算

$$c = \frac{W_1 + W_2}{V_n}$$

式中　c——空气中苯系物各成分的含量，mg/m^3；

W_1——A 段活性炭解吸液中苯系物的含量，μg；

W_2——B 段活性炭解吸液中苯系物的含量，μg；

V_n——标准状况下的采样体积，L。

5. 注意事项

（1）本法同样适用于空气中丙酮、苯乙烯、乙酸乙酯、乙酸丁酯、乙酸戊酯的测定。在以上色谱条件下，其比保留时间见表 7-11。

（2）空气中苯系物浓度在 $0.1mg/m^3$ 左右时，可用 100mL 注射器采气样，气样经 Tenax-GC 在常温下浓缩后，

表 7-11　各组分的比保留时间

组分	丙酮	乙酸乙酯	苯	甲苯	乙酸丁酯	乙苯
比保留时间	0.65	0.76	1.00	1.89	2.53	3.50

组分	对二甲苯	间二甲苯	邻二甲苯	乙酸戊酯	苯乙烯
比保留时间	3.80	4.35	5.01	5.55	6.94

（3）市售活性炭、玻璃棉需经空白检验后，方能使用。检验方法是取用量为一支活性炭吸附采样管的玻璃棉和活性炭（分别约为 0.1g、0.5g），加纯化过的 CS_2 2mL 振荡 2min，放置 20min，进样 5μL，观察待测物位置是否有干扰峰。无干扰峰时方可应用，否则要预先处理。

（4）市售分析纯 CS_2 常含有少量苯与甲苯，需纯化后才能使用。

纯化方法：取 1mL 甲醛与 100mL 浓硫酸混合。取 500mL 分液漏斗一支，加入市售 CS_2 250mL 和甲醛-浓硫酸萃取液 20mL，振荡分层。经多次萃取至 CS_2 呈无色后，再用 20% Na_2CO_3 水溶液洗涤 2 次，重蒸馏，截取 46～47℃ 馏分。

三、空气中氨的浓度测定

在环境空气中氨的浓度一般都较小,故常采用比色法。而最常用的比色法有纳氏试剂比色法、次氯酸钠-水杨酸比色法和靛酚蓝比色法。

纳氏试剂比色法:操作简便,选择性略差,此法呈色胶体不十分稳定,易受醛类和硫化物的干扰。

次氯酸钠-水杨酸比色法:该法较灵敏,选择性好,但操作较复杂。

靛酚蓝比色法:该法灵敏度高,呈色较为稳定,干扰少,但操作条件要求严格。

下面重点介绍纳氏试剂比色法。

1. 实验原理

在稀硫酸溶液中,氨与纳氏试剂作用生成黄棕色化合物,根据颜色深浅,用分光光度法测定。反应式如下:

$$2K_2HgI_4 + 3KOH + NH_3 \Longrightarrow O\underset{Hg}{\overset{Hg}{\diamondsuit}}NH_2I + 7KI + 2H_2O$$

黄棕色

本法检出限为 $0.6~\mu g/10mL$(按与吸光度 0.01 相对应的氨含量计),当采样体积为 20L 时,最低检出浓度为 $0.03mg/m^3$。

2. 实验仪器和试剂

(1)仪器

① 大型气泡吸收管:10mL。

② 空气采样器:流量范围 $0\sim1L/min$。

③ 分光光度计。

(2)试剂

① 吸收液:硫酸溶液($c_{\frac{1}{2}H_2SO_4} = 0.01mol/L$)。

② 纳氏试剂:称取 5.0g 碘化钾,溶于 5.0mL 水;另取 2.5g 氯化汞($HgCl_2$)溶于 10mL 热水。将氯化汞溶液缓慢加到碘化钾溶液中,不断搅拌,直到形成的红色沉淀(HgI_2)不溶为止。冷却后,加入氢氧化钾溶液(15.0g 氢氧化钾溶于 30mL 水),用水稀释至 100mL,再加入 0.5mL 氯化汞溶液,静置 1d。将上清液储于棕色细口瓶中,盖紧橡皮塞,存入冰箱,可使用 1 个月。

③ 酒石酸钾钠溶液:称取 50.0g 酒石酸钾钠($KNaC_4H_4O_6 \cdot 4H_2O$),溶解于水中,加热煮沸以驱除氨,放冷,稀释至 100mL。

④ 氯化铵标准储备液:称取 0.7855g 氯化铵,溶解于水,移入 250mL 容量瓶中,用水稀释至标线,此溶液每毫升相当于含 $1000\mu g$ 氨。

⑤ 氯化铵标准溶液:临用时,吸取氯化铵标准储备液 5.00mL 于 250mL 容量瓶中,用水稀释至标线,此溶液每毫升相当于含 $20.0\mu g$ 氨。

3. 采样与测定

(1)采样 用一个内装 10mL 吸收液的大型气泡吸收管,以 1 L/min 流量采样。采样体积为 $20\sim30L$。

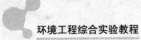

（2）测定步骤

① 标准曲线的绘制：取 6 支 10mL 具塞比色管，按表 7-12 配制标准系列。

表 7-12　氯化铵标准系列

管号	0	1	2	3	4	5
氯化铵标准溶液/mL	0	0.10	0.20	0.50	0.70	1.00
水/mL	10.00	9.90	9.80	9.50	9.30	9.00
氨含量/μg	0	2.0	4.0	10.0	14.0	20.0

在各管中加入酒石酸钾钠溶液 0.20mL，摇匀，再加纳氏试剂 0.20mL，放置 10min（室温低于 20℃时，放置 15～20min）。用 1cm 比色皿，于波长 420nm 处，以水为参比，测定吸光度。以吸光度对氨含量（μg）绘制标准曲线。

② 样品的测定：采样后，将样品溶液移入 10mL 具塞比色管中，用少量吸收液洗涤吸收管，洗涤液并入比色管，用吸收液稀释至 10mL 标线，以下步骤同标准曲线的绘制。

4. 计算

$$c_{NH_3} = \frac{W}{V_n}$$

式中　W——样品溶液中的氨含量，μg；

V_n——标准状态下的采样体积，L；

c_{NH_3}——空气中氨的含量，mg/m³。

5. 注意事项

（1）本法测定的是空气中氨气和颗粒物中铵盐的总量，不能分别测定两者的浓度。

（2）为降低试剂空白值，所有试剂均用无氨水配制。

无氨水配制方法：于普通蒸馏水中，加少量高锰酸钾至浅紫红色，再加少量氢氧化钠至呈碱性，蒸馏。取中间蒸馏部分的水，加少量硫酸呈微酸性，再重新蒸馏一次即可。

（3）在氯化铵标准储备液中加 1～2 滴氯仿，可以抑制微生物的生长。

（4）加入酒石酸钾钠，可以消除三价铁离子的干扰。

第8章　环境工程微生物学实验

8.1　环境工程微生物实验的目的和要求

环境工程微生物学实验课的目的是：训练学生掌握微生物学最基本的操作技能；了解微生物学的基本知识；加深理解课堂讲授的某些微生物学理论。同时，通过实验，培养学生观察、思考、分析问题和解决问题的能力；实事求是、严肃认真的科学态度以及勤俭节约、爱护公物的良好作风。

为了上好微生物学实验课，并保证安全，特提出如下注意事项：

① 每次实验前必须对实验内容进行充分预习，以了解实验的目的、原理和方法，做到心中有数，思路清楚。

② 认真及时做好实验记录，对于当时不能得到结果而需要连续观察的实验，则需记下每次观察的现象和结果，以便分析。

③ 实验室内应保持整洁，勿高声谈话和随便走动，保持室内安静。

④ 实验时小心仔细，全部操作应严格按操作规程进行，万一遇有盛菌试管或瓶不慎打破、皮肤破伤或菌液吸入口中等意外情况发生时，应立即报告指导教师，及时处理，切勿隐瞒。

⑤ 实验过程中，切勿使酒精、乙醚、丙酮等易燃药品接近火焰。如遇火险，应先关掉火源，再用湿布或沙土掩盖灭火。必要时用灭火器。

⑥ 使用显微镜或其他贵重仪器时，要求细心操作，特别爱护。对消耗材料和药品等要力求节约，用毕后仍放回原处。

⑦ 每次实验完毕后，必须把所用仪器抹净放妥，将实验室收拾整齐，擦净桌面，如有菌液污染桌面或其他地方时，可用3%来苏尔液或5%石炭酸液覆盖其上半小时后擦去，如系芽孢杆菌，应适当延长消毒时间。凡带菌之工具（如吸管、玻璃刮棒等）在洗涤前须浸泡在3%来苏尔液中进行消毒。

⑧ 每次实验需进行培养的材料，应标明自己的组别及处理方法，放于教师指定的地点进行培养。实验室中的菌种和物品等，未经教师许可，不得携出室外。

⑨ 每次实验的结果，应以实事求是的科学态度填入报告表格中，力求简明准确，并连同思考题及时汇交教师批阅。

⑩ 离开实验室前应将手洗净，注意关闭门窗、灯、火、煤气等。

8.2 实验项目

实验一 显微镜的使用

一、实验目的

掌握显微镜的使用方法。

二、实验原理

微生物学研究用的显微镜通常有低倍物镜（16mm，10×）、高倍物镜（4mm，40×～50×）和油镜三种。油镜常标有黑圈或红圈，它是三者中放大倍数最大的。

使用油镜时，油镜与其他物镜的不同是载玻片与接物镜之间，不是隔一层空气，而是隔一层油质，称为油浸系。这种油常选用香柏油，因香柏油的折射率$n=1.52$，与玻璃基本相同。当光线通过载玻片后，可直接通过香柏油进入物镜而不发生折射。如果玻片与物镜之间的介质为空气，则称为干燥系；当光线通过玻片后，受到折射发生散射现象，进入物镜的光线显然减少，这样视野的照明度就减低了（图8-1）。

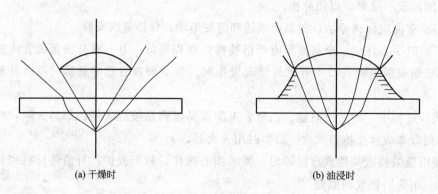

(a) 干燥时　　　　　　　　　　　　　　　(b) 油浸时

图 8-1　接物镜干燥时与油浸时的光路

利用油镜不但能增加照明度；更主要的是能增加数值孔径。因为显微镜的放大效能由其数值孔径决定的。数值孔径可用下列公式表示：

$$N \cdot A = n\sin\frac{\alpha}{2}$$

式中　$N \cdot A$——数值孔径；

　　　　n——介质折射率；

　　　　α——最大入射角，即镜口角。

数值孔径的大小又是衡量一台显微镜分辨力强弱的依据；分辨力是指显微镜能辨别物体

两点间最小距离的能力。

$$能辨别两点间最小距离 = \frac{\lambda}{2N \cdot A}$$

式中 λ——光波波长。

由上述可知若 n 值和 α 角越大则 $N \cdot A$ 越大或光波波长越短，则显微镜的分辨力越大（图8-2）。

一些物质的折射率：水1.33；玻璃1.52；空气1.0；香柏油1.515。

三、实验器材

1. 仪器：显微镜。

2. 材料：活性污泥、枯草芽孢杆菌标本片、香柏油、二甲苯、擦镜纸。

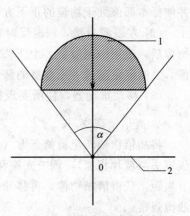

图8-2 物镜的光线入射角
1—物镜前透镜；2—标本玻片；
0—目的物；α—入射角

四、操作步骤

1. 取镜

显微镜是光学精密仪器，使用时应特别小心。从镜箱中取出时，一手握镜臂，一手托镜座，放在实验台上。在使用时要特别小心。使用前首先要熟悉显微镜的结构和性能，检查各部零件是否完全合用，镜身有无尘土，镜头是否清洁。做好必要的清洁和调整工作。显微镜构造见图8-3。

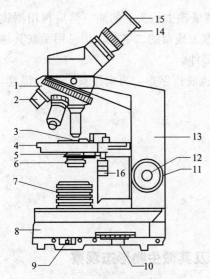

图8-3 光学显微镜的构造
1—物镜转换器；2—接物镜；3—游标卡尺；
4—载物台；5—聚光器；6—彩虹光阑；
7—光源；8—镜座；9—电源开关；
10—光源滑动变阻器；11—粗调螺旋；
12—微调螺旋；13—镜臂；14—镜筒；
15—目镜；16—标本移动螺旋

2. 调节光源

（1）将低倍物镜旋到镜筒下方，旋转粗调螺旋，使镜头和载物台距离约为0.5cm左右。

（2）上升聚光器，使之与载物台表面相距1mm左右。

（3）左眼看目镜调节反光镜镜面角度（在天然的光线下观察，一般用平面反光镜；若以灯光为光源，则一般多用凹面反光镜）。开闭光圈，调节光线强弱，直至视野内得到最均匀最适宜的照明为止。

一般染色标本用油镜检查时，光度宜强，可将光圈开大，聚光器上升到最高，反光镜调至最强；未染色标本，在低倍镜或高倍镜观察时，应适当地缩小光圈，下降聚光器，调节反光镜，使光度减弱，否则光线过强不易观察。

3. 低倍镜观察

低倍物镜视野面广，焦点深度较深，为易于发现目标确定检查位置，应先用低倍镜观察。操作步骤如下。

（1）先将标本玻片置于载物台上（注意标本朝上），

并使标本部位处于物镜的正下方，转动粗调螺旋，上升载物台使物镜至距标本约0.5cm处。

（2）左眼看目镜，同时反时针方向慢慢旋转粗调螺旋使载物台缓缓上升，至视野内出现物像后，改用微调螺旋，上下微微转动，仔细调节焦距和照明，直至视野内获得清晰的物像，及时确定需进一步观察的部位。

（3）移动推动器，使所要观察的部位置于视野中心，准备换高倍镜观察。

4. 高倍镜观察

将高倍物镜转至镜筒下方（在转换物镜时，要从侧面注视，以防低倍镜未对好焦距而造成镜头与玻片相撞），调节光圈和聚光镜，使光线亮度适中，再仔细反复转动微调螺旋，调节焦距，获得清晰物像，再移动推动器选择最满意的镜检部位将染色标本移至视野中央，待油镜观察。

5. 油镜观察

（1）用粗调螺旋提起镜筒，转动转换器将油镜转至镜筒正下方。在标本镜检部位滴上一滴香柏油。右手顺时针方向慢慢转动粗调螺旋，上升载物台，并及时从侧面注视使油浸物镜浸入油中，直到几乎与标本接触时为止（注意切勿压到标本，以免压碎玻片，甚至损坏油镜头）。

（2）左眼看目镜，右手反时针方向微微转动粗调螺旋，下降载物台（注意：此时只准下降载物台，不能向上调动），当视野中有模糊的标本物像时，改用微调螺旋，并移动标本直至标本物像清晰为止。

（3）如果向上转动粗调螺旋已使镜头离开油滴又尚未发现标本，可重新按上述步骤操作直到看清物像为止。

（4）观察完毕，下降载物台，取下标本片。先用擦镜纸擦去镜头上的油，然后再用擦镜纸沾少量二甲苯擦去镜头上残留油迹，最后再用擦镜纸擦去残留的二甲苯。切忌用手或其他纸擦镜头，以免损坏镜头，可用绸布擦净显微镜的金属部件。

（5）将各部分还原，反光镜垂直于镜座，将接物镜转成八字形，再向下旋。罩上镜套，然后放回镜箱中。

五、注意事项

1. 显微镜镜头的保护和保养。
2. 使用显微镜时应据不同的物镜而调节光线。

实验二 微生物的染色及其微生物形态观察

一、细菌简单染色法

1. 实验原理

细菌的涂片和染色是微生物学实验中的一项基本技术。细菌的细胞小而透明，在普通光

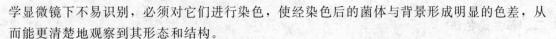

学显微镜下不易识别,必须对它们进行染色,使经染色后的菌体与背景形成明显的色差,从而能更清楚地观察到其形态和结构。

所谓简单染色法是利用单一染料对细菌进行染色的一种方法。此法操作简便,可用以观察微生物的形状、大小及细胞排列状态,是微生物技术中应用广泛、操作简便的染色法。

用于生物染色的染料主要有碱性染料、酸性染料和中性染料三大类。碱性染料的离子带正电荷,能和带负电荷的物质结合。因细菌蛋白质等电点较低,当它生长于中性、碱性或弱酸性的溶液中时常带负电荷,所以通常采用碱性染料使其着色。例如,美蓝(亚甲基蓝)实际上是氯化亚甲蓝盐(缩写为 MBC),它可被电离成正、负离子,带正电荷的染料离子可使细菌细胞染成蓝色。常用的碱性染料除亚甲基蓝外,还有结晶紫、碱性复红、番红(又称沙黄)等。

酸性染料的离子带负电荷,能与带正电荷的物质结合。当细菌分解糖类产酸使培养基 pH 下降时,细菌所带正电荷增加,因此易被伊红、酸性复红或刚果红等酸性染料着色。中性染料是前两者的结合物,又称复合染料,如伊红美蓝、伊红天青等。

染色前必须先固定细菌,其目的有二:一是杀死细菌,使细胞质凝固,菌体黏附于玻片上;二是增加其对染料的亲和力。常用的有加热和化学固定两种方法。固定时应尽量维持细胞原有形态,防止细胞膨胀或收缩。

2. 实验材料

(1) 菌种 巨大芽孢杆菌(*Bacillus megaterium*)或蜡状芽孢杆菌(*Bacillus cereus*)。

(2) 仪器 显微镜。

(3) 材料 接种环、酒精灯、火柴、载玻片、洗瓶、废液缸、擦镜纸、吸水纸。

(4) 染料 草酸铵结晶紫或石炭酸复红。

3. 操作步骤

(1) 涂片 在洁净无油腻的玻片中央放一小滴蒸馏水,用灼烧灭菌冷却后的接种环挑取少量菌体与水滴充分混匀,涂成极薄的菌膜。

(2) 干燥 将涂片于空气中自然晾干,或将涂片置于火焰高处微热烘干,但不能直接在火焰上烘烤,以免菌体变形。

(3) 固定 手执玻片一端,有菌膜的一面朝上,迅速通过火焰 2~3 次(用手指触涂片反面,以不烫手为宜)。待玻片冷却后,再加染料。

(4) 染色 玻片置于玻片搁架上,加适量(以盖满菌膜为度)结晶紫染色液(或石炭酸复红液)于菌膜部位,染 1~2min。

(5) 水洗 倾去染色液,用洗瓶中的自来水自玻片一端轻轻冲洗,至流下的水中无染色液的颜色时为止。

(6) 干燥 自然干燥或用吸水纸盖在涂片部位以吸去水分(注意勿擦去菌体)。

(7) 镜检 用油镜观察并绘出细菌形态图。

(8) 清理 实验完毕,擦净显微镜。有菌的玻片置消毒缸中,清洗、晾干后备用。

4. 注意事项

(1) 玻片要洁净无油,否则菌液涂不开。

(2) 挑菌量宜少,涂片宜薄,过厚则不易观察。

二、革兰染色法

1. 实验原理

革兰染色法是 1884 年由丹麦病理学家 C. Gram 所创立的。革兰染色法可将所有的细菌区分为革兰阳性菌（G$^+$）和革兰阴性菌（G$^-$）两大类，是细菌学上最常用的鉴别性染色法。

革兰染色法的主要步骤是先用结晶紫进行初染；再加媒染剂——碘液，以增加染料与细胞间的亲和力，使结晶紫和碘在细胞膜上形成分子量较大的复合物；然后用脱色剂（乙醇或丙酮）脱色；最后用番红复染。凡细菌不被脱色而保留初染剂颜色（紫色）者为革兰阳性菌，被脱色后又染上复染剂颜色（红色）者为革兰阴性菌。

该染色法之所以能将细菌分为 G$^+$ 菌和 G$^-$ 菌，是由这两类菌的细胞壁结构和成分的不同所决定的。G$^-$ 菌的细胞壁中含有较多易被乙醇溶解的类脂质，而且肽聚糖层较薄、交联度低，故用乙醇或丙酮脱色时溶解了类脂质，增加了细胞壁的通透性，使结晶紫和碘的复合物易于渗出，结果细菌就被脱色，再经番红复染后就成红色。G$^+$ 菌细胞壁中肽聚糖层厚且交联度高，类脂质含量少，经脱色剂处理后反而使肽聚糖层的孔径缩小，通透性降低，因此细菌仍保留初染时的颜色。

2. 实验材料

（1）菌种：牛肉膏琼脂斜面 28℃培养 24h 的大肠杆菌（*Escherichia coli*）斜面菌种，牛肉膏琼脂斜面 28℃培养 16h 的枯草芽孢杆菌（*Bacillus subtilis*）斜面菌种。

（2）仪器：显微镜。

（3）材料：载玻片、香柏油、二甲苯、擦镜纸、吸水纸、染色缸等。

（4）染料：草酸铵结晶紫染色液、路哥（Lugol）碘液、95％乙醇、0.5％番红染色液。

3. 操作步骤

（1）涂片：在一张载玻片上加两滴蒸馏水后，分别涂布枯草芽孢杆菌和大肠杆菌（注意涂片切不可过于浓厚）。

（2）固定：将制成的涂片干燥固定，固定时通过火焰 1～2 次即可，不可过热，以载玻片不烫手为宜。

（3）染色

① 初染：将玻片置于玻片搁架上，加草酸铵结晶紫染色液（加量以盖满菌膜为度），染色 1～2min。倾去染色液，用自来水小心地冲洗。

② 媒染：滴加碘液，染 1～2min，水洗。

③ 脱色：滴加 95％乙醇，脱色 20～25s，立即水洗，以终止脱色。

④ 复染：滴加番红，染色 2～3min，水洗。最后用吸水纸轻轻吸干。

（4）镜检　干燥后，置油镜观察。被染成紫色者即为革兰阳性菌（G$^+$）；被染成红色者是革兰阴性菌（G$^-$）。

4. 注意事项

（1）革兰染色成败的关键是脱色时间。如脱色过度，革兰阳性菌也可被脱色而被误认为是革兰阴性菌；如脱色时间过短，革兰阴性菌也会被认为是革兰阳性菌。脱色时间的长短还受涂片厚薄、脱色时玻片晃动的快慢及乙醇用量多少等因素的影响，难以严格规定。一般可用已知革兰阳性菌和革兰阴性菌做练习，以掌握脱色时间。当要确证一个未知菌的革兰反应时，应同时做一张已知革兰阳性菌和阴性菌的混合涂片，以资对照。

（2）染色过程中勿使染色液干涸。用水冲洗后，应吸去玻片上的残水，以免染色液被稀释而影响染色效果。

（3）选用培养16～24h菌龄的细菌为宜。若菌龄太老，由于菌体死亡或自溶常使革兰阳性菌转呈阴性反应。

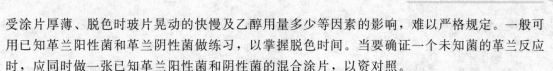

实验三 培养基的制备及灭菌

一、培养基的制备

1. 实验原理

培养基是按照微生物生长发育的需要，用不同组分的营养物质调制而成的营养基质。人工制备培养基的目的，在于给微生物创造一个良好的营养条件。把一定的培养基放入一定的器皿中，就提供了人工繁殖微生物的环境和场所。自然界中，微生物种类繁多，由于微生物具有不同的营养类型，对营养物质的要求也各不相同，加之实验和研究上的目的不同，所以培养基在组成原料上也各有差异。但是，不同种类和不同组成的培养基中，均应含有满足微生物生长发育的水分、碳源、氮源、无机盐和生长素以及某些特需的微量元素等。此外，培养基还应具有适宜的酸碱度（pH值）和一定缓冲能力及一定的氧化还原电位和合适的渗透压。

根据制备培养基时所选用的营养物质的来源，可将培养基分为天然培养基、半合成培养基和合成培养基三类。按照培养基的形态可将培养基分为液体培养基和固体培养基。根据培养基使用目的，可将培养基分为选择培养基、加富培养基及鉴别培养基等。

培养基的类型和种类是多种多样的，必须根据不同的微生物和不同的目的进行选择配制，本实验分别配制常用培养细菌、放线菌和真菌的牛肉膏蛋白胨培养基、高氏一号合成培养基和马铃薯蔗糖培养基等固体培养基。

固体培养基是在液体培养基中添加凝固剂制成的，常用的凝固剂有琼脂、明胶和硅酸钠，其中以琼脂最为常用，其主要成分为多糖类物质，性质较稳定，一般微生物不能分解，故用凝固剂而不致引起化学成分变化。琼脂在95℃的热水中才开始融化，融化后的琼脂冷却到45℃才重新凝固。因此用琼脂制成的固体培养基在一般微生物的培养温度范围内（25～37℃）不会融化而保持固体状态。

2. 实验材料

（1）药品 琼脂、1mol/L NaOH溶液、1mol/L HCl溶液、牛肉膏蛋白胨培养基、高氏一号合成培养基和马铃薯蔗糖培养基的配方药品。

（2）材料 具刻度1000mL搪瓷盅或小铝锅、天平、10×200mm试管、量筒、小烧杯、玻璃棒、骨匙、pH 试纸、分装漏斗、试管盒、纱布、棉花、报纸、麻绳、标签。

3. 操作步骤

（1）计算称量　根据配方，计算出实验中各种药品所需要的量，然后分别称（量）取。

（2）溶解　一般情况下，几种药品可一起倒入烧杯内，先加入少于所需要的总体积的水进行加热溶解（但在配制化学成分较多的培养基时，有些药品，如磷酸盐和钙盐、镁盐等混在一起容易产生结块、沉淀，故宜按配方依次溶解。个别成分如能分别溶解，经分开灭菌后混合，则效果更为理想）。加热溶解时，要不断搅拌。如有琼脂在内，更应注意。待完全溶解后，补足水分到需要的总体积。

（3）调节 pH　用滴管逐滴加入 1mol/L NaOH 或 1mol/L HCl，边搅动边用精密的 pH 试纸测其 pH 值，直到符合要求为止。pH 值也可用 pH 计来测定。

（4）过滤　要趁热用四层纱布过滤。

（5）分装　按照实验要求进行分装。装入试管中的量不宜超过试管高度的 1/5，装入三角烧瓶中的量以烧瓶总体积的一半为限。在分装过程中，应注意勿使培养基沾污管口或瓶口，以免弄湿棉塞，造成污染，见图 8-4(a)。

（6）加塞　培养基分装好以后，在试管口或烧瓶口上应加上一只棉塞。棉塞的作用有二：一方面阻止外界微生物进入培养基内，防止由此而引起的污染；另一方面保证有良好的通气性能，使微生物能不断地获得无菌空气。因此棉塞质量的好坏对实验的结果有很大影响，见图 8-4(b)。

（7）灭菌　在塞上棉塞的容器外面再包一层牛皮纸，便可进行灭菌。培养基的灭菌时间和温度，需按照各种培养基的规定进行，以保证灭菌效果和不损坏培养基的必要成分。如果分装斜面，要趁热摆放并使斜面长度适当（为试管长度 1/3～1/2，

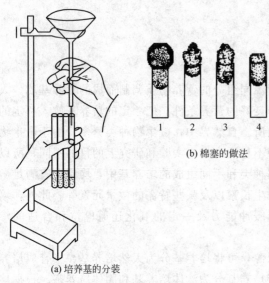

(b) 棉塞的做法

(a) 培养基的分装

图 8-4　培养基的分装装置与棉塞

1—正确；2—管内太短，外部太松；3—整个棉塞太松；
4—管内太紧，外部太短松

不能超过 1/2）。培养基经灭菌后，应保温培养 2～3d，检查灭菌效果，无菌生长者方可使用。

4. 注意事项

（1）配制固体培养基用的琼脂应先行用冷水浸泡，纱布过滤，在调好 pH 值后加入。

（2）配制高氏一号合成培养基时应小心溶解淀粉，不要成团。

二、灭菌与消毒

灭菌是用物理或化学的方法来杀死或除去物品上或环境中的所有微生物。消毒是用物理或化学的方法杀死物体上绝大部分微生物（主要是病原微生物和有害微生物）。消毒实际上是部分灭菌。

在微生物实验、生产和科研工作中，需要进行纯培养，不能有任何杂菌，因此，对所用器材、培养基要进行严格灭菌，对工作场所进行消毒，以保证工作顺利进行。

1. 消毒与灭菌的方法

消毒与灭菌的方法很多，一般可分为加热、过滤、照射和使用化学药品等方法。

（1）加热法　加热法又分干热灭菌和湿热灭菌两类。

① 干热灭菌：有火焰烧灼灭菌和热空气灭菌两种。火焰烧灼灭菌适用于接种环、接种针和金属用具如镊子等，无菌操作时的试管口和瓶口也在火焰上做短暂烧灼灭菌。通常所说的干热灭菌是在电烘箱内灭菌，此法适用于玻璃器皿如吸管和培养皿等的灭菌，在热空气160～170℃下保温 2h 进行灭菌。

② 湿热灭菌

a. 高压蒸汽灭菌法。此法是将物品放在高压蒸汽灭菌锅内，121.3℃保持 15～30min 进行灭菌。时间的长短可根据灭菌物品种类和数量的不同而有所变化，以达到彻底灭菌为准。这种灭菌适用于培养基、工作服、橡胶物品等的灭菌。

b. 间歇灭菌法。有少数培养基例如明胶培养基、牛乳培养基、含糖培养基等用干热灭菌和高压蒸汽灭菌均会受到破坏，则必须用间歇灭菌法。此法是用阿诺流动蒸汽灭菌器进行灭菌。该器底层盛水，顶部插有温度计，加热后水蒸气温度达到 100℃ 时，即循环流于器内，水蒸气碰到器内物体时，又凝成水，流至底层储水处，故不致干涸。灭菌时，将培养基放在器内，每天加热 100℃ 30min，连续三天，第一天加热后，其中的营养体被杀死，将培养基取出放室温下 18～24h，使其中的芽孢发育成为营养体，第二天再加热 100℃ 30min，发育的营养体又被杀死，但可能仍留有芽孢，故再重复一次，使彻底灭菌。一般凡能用高压蒸汽灭菌的物品均不采用此法灭菌。

③ 煮沸消毒法：注射器和解剖器械等可用煮沸消毒法。一般微生物学实验室中煮沸消毒时间为 10～15min。人用注射器和手术器械在有条件的地方，一般均采用高压蒸汽灭菌法或干热灭菌法灭菌。

（2）过滤灭菌　许多材料例如血清与糖溶液应用一般加热消毒灭菌方法，均会被热破坏，因此，采用过滤灭菌的方法。应用最广泛的过滤器有蔡氏（Seitz）过滤器和膜过滤器。蔡氏过滤器是用银或铝等金属做成的，分为上、下两节，过滤时，用螺旋把石棉板紧紧地夹在上、下两节滤器之间，然后将溶液置于滤器中抽滤。每次过滤必须用一张新滤板。膜过滤器的结构与蔡氏过滤器相似，只是滤膜是一种多孔纤维素（乙酸纤维素或硝酸纤维素），孔径一般为 0.45μm，过滤时，液体和小分子物质通过，细菌被截留在滤膜上，但若要将病毒除掉，则需更小孔径的滤膜。

（3）紫外线灭菌　紫外线波长在 200～300nm，具有杀菌作用，其中以 265～266nm 的杀菌力最强。无菌室或无菌接种箱空气可用紫外线灯照射灭菌。

（4）化学药品灭菌　化学药品灭菌法是应用能杀死微生物的化学制剂进行消毒灭菌的方法。实验室桌面、用具以及洗手用的溶液均常用化学药品进行消毒灭菌。常用的有 2％煤酚皂溶液（来苏尔）、0.25％新洁尔灭、1％升汞、3％～5％的甲醛溶液、75％酒精溶液等，见表 8-1。

2. 实验室常用灭菌方法

（1）干热灭菌　用干燥热空气（170℃）杀死微生物的方法称干热灭菌。玻璃器皿（如吸管、平板等)、金属用具等凡不适于用其他方法灭菌而又能耐高温的物品都可用此法灭菌。培养基、橡胶制品、塑料制品等不能用干热灭菌法。

表 8-1　常用化学杀菌剂应用范围和常用浓度表

类　别	实　例	常用浓度	应用范围
醇　类	乙　醇	50%～70%	皮肤及器械消毒
酸　类	乳　酸	0.33～1mol/L	空气消毒(喷雾或熏蒸)
	食　醋	3～5mL/m³	熏蒸消毒空气,可预防流感病毒
碱　类	石灰水	1%～3%	地面消毒
酚　类	石炭酸	5%	空气消毒(喷雾)
	来苏尔	2%～5%	空气消毒、皮肤消毒
醛　类	福尔马林	40%溶液,2～6mL/m³	接种室、接种箱或厂房熏蒸消毒
重金属离子	升　汞	0.1%	植物组织(如根瘤)表面消毒
	硝酸银	0.1%～1%	皮肤消毒
氧化剂	高锰酸钾	0.1%～3%	皮肤、水果、茶杯消毒
	过氧化氢	3%	清洗伤口
	氯　气	(0.2～1)×10⁻⁶	饮用水清洁消毒
	漂白粉	1%～5%	洗刷培养基、饮水及粪便消毒
去污剂	新洁尔灭	水稀释20倍	皮肤、不能遇热的器皿消毒
染　料	结晶紫	2%～4%	外用紫药水,浅创伤口消毒
金属螯合剂	8-羟喹啉硫酸盐	0.1%～0.2%	外用、清洗消毒

干热灭菌操作步骤如下。

① 装箱:将准备灭菌的玻璃器具洗涤干净、晾干,用纸包裹好,放入灭菌的长铁盒(或铝盒)内,放入干热灭菌箱内,关好箱门。

② 灭菌:接通电源,打开干热灭菌箱排气孔,等温度升至80～100℃时关闭排气孔,继续升温至160～170℃计时,恒温1～2h。

③ 灭菌结束后,断开电源,自然降温至60℃,打开电烘箱门,取出物品放置备用。

注意事项:

a. 灭菌物品不能堆得太满、太紧,以免影响温度均匀上升。

b. 灭菌物品不能直接放在电烘箱底板上,以防止包装纸烘焦。

c. 灭菌温度恒定在160～170℃为宜,温度过高,纸和棉花会被烤焦。

d. 降温时待温度自然降至60℃以下再打开箱门取出物品,以免因温度过高而骤然降温导致玻璃器皿炸裂。

(2) 加压蒸汽灭菌法　高压蒸汽灭菌是将待灭菌的物品放在一个密闭的加压灭菌锅内,通过加热,使灭菌锅隔套间的水沸腾而产生蒸汽。待蒸汽急剧地将锅内的冷空气从排气阀中驱尽,然后关闭排气阀,继续加热,此时由于蒸汽不能溢出,而增加了灭菌器内的压力,从而使沸点增高,得到高于100℃的温度,导致菌体蛋白质凝固变性而达到灭菌的目的。

在同一温度下,湿热的杀菌效力比干热大,其原因有三:一是湿热中细菌菌体吸收水分,蛋白质较易凝固,因蛋白质含水量增加,所需凝固温度降低 (表8-2),二是湿热的穿透力比干热大 (表8-3);三是湿热的蒸汽有潜热存在,每1g水在100℃时,由气态变为液态时可放出 2.26kJ 的热量。这种潜热，能迅速提高被灭菌物体的温度，从而增加灭菌效力。

表 8-2 蛋白质含水量与凝固所需温度的关系

蛋白含水量/%	30min 内凝固所需温度/℃	蛋白含水量/%	30min 内凝固所需温度/℃
50	56	6	145
25	74~80	0	160~170
18	80~90		

表 8-3 干热与湿热穿透力及灭菌效果比较

温度/℃		时间/h	透过布层的温度/℃			灭 菌
			20 层	40 层	100 层	
干热	130~140	4	86	72	70.5	不完全
湿热	105.3	3	101	101	101	完 全

在使用高压蒸汽灭菌锅灭菌时，灭菌锅内冷空气的排除是否完全极为重要，因为空气膨胀压大于蒸汽的膨胀压，所以，当蒸汽中含有空气时，在同一压力下，含空气蒸汽的温度低于饱和蒸汽的温度。灭菌锅内留有不同分量空气时，压力与温度的关系见表 8-4。一般培养基用 1.05kgf/cm² （1kgf/cm² = 98.0665kPa，下同）、121.3℃ 15~30min 可达到彻底灭菌的目的。灭菌的温度及维持的时间随灭菌物品的性质和容量等具体情况而有所改变。例如，含糖培养基用 0.56kgf/cm²、112.6℃ 灭菌 15min，但为了保证效果，可将其他成分先行在121.3℃下灭菌 20min，然后以无菌操作手续加入灭菌的糖溶液。又如盛于试管内的培养基以 1.05kgf/cm²、121.3℃ 灭菌 20min 即可，而盛于大瓶内的培养基最好以 1.05kgf/cm² 灭菌 30min。

表 8-4 灭菌锅内留有不同分量空气时压力与温度的关系

压 力 数		全部空气排出时的温度/℃	2/3 空气排出时的温度/℃	1/2 空气排出时的温度/℃	1/3 空气排出时的温度/℃	空气全部排出时的温度/℃
kgf/cm²	lb/in²					
0.35	5	108.8	100	94	90	72
0.70	10	115.6	109	105	100	90
1.05	15	121.3	115	112	109	100
1.40	20	126.2	121	118	115	109
1.75	25	130.0	126	124	121	115
2.10	30	134.6	130	128	126	121

蒸汽压力所用单位为 kg/cm²，它与 lb/in² 和温度的换算关系见表 8-5。

表 8-5 蒸汽压力与蒸汽温度换算关系

蒸汽压力 / 大气压	压 力 表 读 数		蒸汽温度/℃
	kgf/cm²	lb/in²	
1.00	0.00	0.00	100.0
1.25	0.25	3.75	107.0
1.50	0.50	7.50	112.0
1.75	0.75	11.25	115.0
2.00	1.00	15.00	121.0
2.50	1.50	22.50	128.0
3.00	2.00	30.00	134.5

实验室中常用的高压蒸汽灭菌锅有立式、卧式和手提式等几种。本实验介绍手提式高压蒸汽灭菌锅的使用方法。

手提式高压蒸汽灭菌锅的使用操作步骤：

① 首先将内层灭菌桶取出，再向外层锅内加入适量的水，使水面与三角搁架相平为宜。

② 放回灭菌桶，并装入待灭菌物品。注意不要装得太挤，以免妨碍蒸汽流通而影响灭菌效果。三角烧瓶与试管口端均不要与桶壁接触，以免冷凝水淋湿包口的纸而透入棉塞。

③ 加盖，并将盖上的排气软管插入内层灭菌桶的排气槽内。再以两两对称的方式同时旋紧相对的两个螺栓，使螺栓松紧一致，勿使漏气。

④ 用电炉或煤气加热，并同时打开排气阀，使水沸腾以排除锅内的冷空气。待冷空气完全排尽后，关上排气阀，让锅内的温度随蒸汽压力增加而逐渐上升。当锅内压力升到所需压力时，控制热源，维持压力至所需时间。本实验用 $1.05kgf/cm^2$，$121.3℃$，灭菌 20min。

⑤ 灭菌所需时间到后，切断电源或关闭煤气，让灭菌锅内温度自然下降，当压力表的压力降至 0 时，打开排气阀，旋松螺栓，打开盖子，取出灭菌物品。如果压力未降到 0 时，打开排气阀，就会因锅内压力突然下降，使容器内的培养基由于内外压力不平衡而冲出烧瓶口或试管口，造成棉塞沾染培养基而发生污染。

⑥ 将取出的灭菌培养基放入 37℃ 温箱培养 24min，经检查若无杂菌生长，即可待用。

实验四　微生物的分离与纯化

一、实验原理

在土壤、水、空气或人及动、植物体中，不同种类的微生物绝大多数都是混杂生活在一起，当我们希望获得某一种微生物时，就必须从混杂的微生物类群中分离它，以得到只含有这一种微生物的纯培养，这种获得纯培养的方法称为微生物的分离与纯化。

为了获得某种微生物的纯培养，一般是根据该微生物对营养、酸碱度、氧等条件要求不同，而供给它适宜的培养条件，或加入某种抑制剂造成只利于此菌生长，而抑制其他菌生长的环境，从而淘汰其他一些不需要的微生物，再用稀释涂布平板法或稀释混合平板法或平板划线分离法等分离、纯化该微生物，直至得到纯菌株。

土壤是微生物生活的大本营，在这里生活的微生物无论总数量和种类都是极其多样的，因此，土壤是我们开发利用微生物资源的重要基地，可以从其中分离、纯化到许多有用的菌株。本实验用平板划线法从土壤中分离纯化微生物。

二、实验材料

1. 牛肉膏蛋白胨培养基、高氏一号合成培养基和马铃薯蔗糖培养基等。

2. 盛 9mL 无菌水的试管、盛 90mL 无菌水并带有玻璃珠的三角烧瓶、1mL 和 5mL 无菌吸管、无菌培养皿。

3. 接种环、土样等。

三、操作步骤

1. 倒平板

将加热融化的牛肉膏蛋白胨培养基、高氏一号合成培养基和马铃薯蔗糖培养基分别倒平板，并标明培养基的名称。

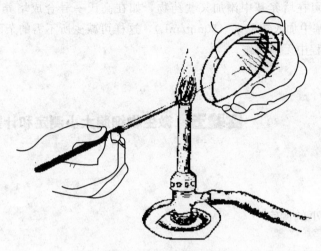

图 8-5　平板划线操作示意图

2. 划线

在近火焰处，左手拿皿底，右手拿接种环，挑取经稀释 10 倍的土壤悬液一环在平板上划线（图 8-5）。划线的方法很多，但无论哪种方法划线，其目的都是通过划线将样品在平板上进行稀释，使形成单个菌落。常用的划线方法有下列二种。

（1）用接种环以无菌操作挑取土壤悬液一环，先在平板培养基的一边做第一次平行划线，划 3～4 条，再转动培养皿约 70°角，并将接种环上剩余物烧掉，待冷却后通过第一次划线部分做第二次平行划线，再用同法通过第二次平行划线部分做第三次平行划线和通过第三次平行划线部分做第四次平行划线 ［图 8-6(a)］。划线完毕后，盖上皿盖，倒置于温室培养。

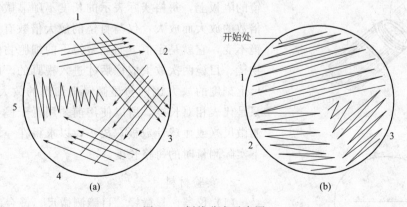

图 8-6　划线分离示意图

（2）将挑取有样品的接种环在平板培养基上做连续划线 ［图 8-6(b)］。划线完毕后，盖上皿盖，倒置于温室培养。

（3）挑菌：将培养后长出的单个菌落分别挑取接种到上述三种培养基的斜面上，分别置25℃和28℃温室中培养，待菌苔长出后，检查菌苔是否单纯，也可用显微镜涂片染色检查是否是单一的微生物，若有其他杂菌混杂，就要再一次进行分离、纯化，直到获得纯培养。

四、注意事项

1. 在倒平板时可在培养基中添加某些药物，如在高氏一号合成培养基中加 10% 的酚，在马铃薯蔗糖培养基中加入链霉素（30mg/mL），这样可减少所不需的杂菌。

2. 实验操作过程中无菌操作。

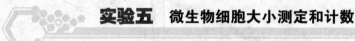
实验五　微生物细胞大小测定和计数

一、微生物细胞大小的测定

1. 实验原理

微生物细胞的大小，是微生物重要的形态特征之一，也是分类鉴定的依据之一。由于菌体很小，只能在显微镜下来测量。用于测量微生物细胞大小的工具有目镜测微尺和镜台测微尺。

目镜测微尺［图 8-7(c)］是一块圆形玻片，其中央刻有精确等分的刻度，有把 5mm 长度 50 等分或把 10mm 长度 100 等分的。测量时，将其放在接目镜中的隔板上来测量经显微镜放大后的细胞物像。由于不同的显微镜放大倍数不同，同一显微镜在不同的目镜、物镜组合下，其放大倍数也不相同，而目镜测微尺是处在目镜的隔板上，每格实际表示的长度不随显微镜的总放大倍数的放大而放大，仅与目镜的放大倍数有关，只要目镜不变，它就是定值。而显微镜下的细胞物像是经过了物镜、目镜两次放大成像后才进入视野的。即目镜测微尺上刻度的放大比例与显微镜下细胞的放大比例不同，只是代表相对长度，所以使用前须用置于镜台上的镜台测微尺（或血球计数板）校正，以求得在一定放大倍数下实际测量时的每格长度。

2. 实验材料

（1）仪器　显微镜、目镜测微尺、镜台测微尺或血球计数板。

（2）材料　巨大芽孢杆菌（*Bacillus megaterium*）标本片。

图 8-7　目镜测微尺及其安装方法

3. 操作步骤

(1) 目镜测微尺的校正　把目镜上的透镜旋下，将目镜测微尺的刻度朝下轻轻地装入目镜的隔板上，把血球计数板置于载物台上，使刻度朝上。先用低倍镜观察，对准焦距，视野中看清血球计数板的刻度后，转动目镜，使目镜测微尺与血球计数板的刻度平行，移动推动器，使两尺重叠，再使两尺的"0"刻度完全重合，定位后，仔细寻找两尺第二个完全重合的刻度。计数两重合刻度之间目镜测微尺的格数和血球计数板的格数。因为血球计数板的刻度每格长 $50\mu m$，所以由下列公式可以算出目镜测微尺每格所代表的长度：

$$目镜测微尺每格长度 = \frac{两重合线间血球计数板格数 \times 50\mu m}{两重合线间目镜测微尺格数}$$

例如目镜测微尺 10 小格等于血球计数板 2 小格，已知血球计数板每小格为 $50\mu m$，则 2 小格的长度为 $2 \times 50\mu m = 100\mu m$，那么相应的在目镜测微尺上每小格长度为：

$$\frac{2 \times 50\mu m}{10} = 10\mu m$$

同法校正在高倍镜下目镜测微尺每小格所代表的长度。

(2) 测定巨大芽孢杆菌细胞大小　换上巨大芽孢杆菌标本片，先在低倍镜下找到目的物，然后在油镜下转动目镜测微尺，测出巨大芽孢杆菌菌体的长、宽各占几格（不足一格的部分估计到小数点后一位数），测出的格数乘上目镜测微尺每格的长度，即等于该菌的大小。

一般测量菌的大小要在同一个涂片上测定 10～20 个菌体，求出平均值，才能代表该菌的大小，而且一般是用对数生长期的菌体进行测定。

4. 注意事项

(1) 当更换不同放大倍数的目镜或物镜时，必须重新校正目镜测微尺每一格所代表的长度。

(2) 不能用血球计数板对目镜测微尺在油镜下进行校正时，此时目镜测微尺每格相当于 $1\mu m$。

二、微生物的显微镜直接计数法

1. 实验原理

测定微生物数量方法很多，通常采用的有显微镜直接计数法和平板计数法。

显微镜直接计数法适用于各种含单细胞菌体的纯培养悬浮液，如有杂菌或杂质常不易分辨。菌体较大的酵母菌或霉菌孢子可采用血球计数板；一般细菌则采用彼得罗夫·霍泽 (Petroff Hausser) 细菌计数板。两种计数板的原理和部件相同，只是细菌计数板较薄，可以使用油镜观察，而血球计数板较厚，不能使用油镜，故细菌不易看清。

血球计数板是一块特制的厚载玻片，载玻片上有 4 条槽而构成 3 个平台。中间的平台较宽，其中间又被一短横槽分隔成两半，每个半边上面各有一个方格网（图 8-8）。每个方格网共分 9 大格，其中间的一大格（又称为计数室）常被用作微生物的计数。计数室的刻度有两种：一种是大方格分为 16 个中方格，而每个中方格又分成 25 个小方格；另一种是一个大方格分成 25 个中方格，而每个中方格又分成 16 个小方格。但是不管计数室是哪一种构造，它们都有一个共同特点，即每个大方格都由 400 个小方格组成，见图 8-9。

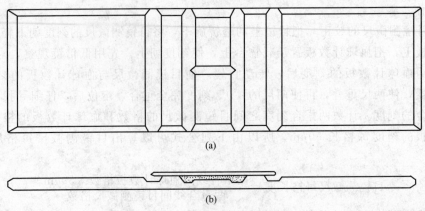

图 8-8　血球计数板的构造

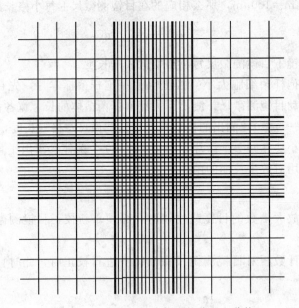

图 8-9　血球计数板计数网的分区和分格

每个大方格边长为 1mm，则每一大方格的面积为 1mm^2，每个小方格的面积为 1/400mm^2，盖上盖玻片后，盖玻片与计数室底部之间的高度为 0.1mm，所以每个计数室（大方格）的体积为 0.1mm^3，每个小方格的体积为 1/4000mm^3。使用血球计数板直接计数时，先要测定每个小方格（或中方格）中微生物的数量，再换算成每毫升菌液（或每克样品）中微生物细胞的数量。

2. 实验器材

（1）菌种　酿酒酵母（*Saccharomyces cerevisiae*）菌液。

（2）仪器　显微镜、血球计数板。

（3）材料　盖玻片、吸水纸、尖嘴滴管。

3. 操作步骤

（1）视待测菌液浓度，加无菌水适当稀释（斜面一般稀释到 10^{-2}），以每小格的菌数可数为度。

（2）取洁净的血球计数板一块，在计数室上盖上一块盖玻片。

（3）将酵母菌液摇匀，用滴管吸取少许，从计数板中间平台两侧的沟槽内沿盖玻片的下边缘滴入一小滴（不宜过多），使菌液沿两玻片间自行渗入计数室，勿使产生气泡，并用吸水纸吸去沟槽中流出的多余菌液。也可以将菌液直接滴加在计数室上，然后加盖盖玻片（勿使产生气泡）。

（4）静置约5min，先在低倍镜下找到计数室后，再转换高倍镜观察计数。

（5）计数时用16中格的计数板，要按对角线方位，取左上、左下、右上、右下的4个中格（即100小格）的酵母菌数。如果是25中格计数板，除数上述四格外，还需数中央1中格的酵母菌数（即80小格）。由于菌体在计数室中处于不同的空间位置，要在不同的焦距下才能看到，因而观察时必须不断调节微调螺旋，方能数到全部菌体，防止遗漏。如菌体位于中格的双线上，计数时则数上线不数下线，数左线不数右线，以减少误差。

（6）凡酵母菌的芽体达到母细胞大小一半时，即可作为两个菌体计算。每个样品重复数2～3次（每次数值不应相差过大，否则应重新操作），取其平均值，按下述公式计算出每毫升菌液所含酵母菌细胞数。

$$每毫升菌液含菌数 = 每小格酵母细胞数 \times 4000 \times 1000 \times 稀释倍数$$

（7）血球计数板用后，在水龙头上用水柱冲洗干净，切勿用硬物洗刷或抹擦，以免损坏网格刻度。洗净后自行晾干或吹风机吹干。

4. 注意事项

（1）加酵母菌液时，量不应过多，不能产生气泡。

（2）由于酵母菌菌体无色透明，计数观察时应仔细调节光线，或者用吕氏碱性亚甲基蓝染液处理酵母菌液。

三、微生物的间接计数法——平板菌落计数法

1. 实验原理

微生物的稀释平板计数是根据在固体培养基上所形成的一个菌落，即是由一个单细胞繁殖而成，且肉眼可见这一生理及培养特征进行的。也就是说一个菌落代表一个单细胞。计数时，首先将待测样品制成均匀的一系列不同稀释液，并尽量使样品中的微生物细胞分散开来，使成单个细胞存在（否则一个菌落就不只是代表一个菌），再取一定稀释度、一定量的稀释液接种到平板中，使其均匀分布于平板中的培养基内。经培养后，由单个细胞生长繁殖形成菌落，统计菌落数目，即可计算出样品中的含菌数。

此法所计算的菌数是培养基上长出来的菌落数，故又称活菌计数，一般用于某些成品检定（如杀虫菌剂等）、生物制品检定、土壤含菌量测定及食品、水源的污染程度的检定。

2. 实验材料

（1）90mL、45mL和9mL无菌水，1mL和5mL无菌吸管、无菌平板。

（2）天平、称样瓶、记号笔。

（3）待测样品、所需各类培养基。

3. 操作步骤

（1）样品稀释液的制备　准确称取待测样品 10g，放入装有 90mL 无菌水并放有小玻珠的 250mL 三角瓶中，用手或置摇床上振荡 20min，使微生物细胞分散，静置约 20~30s，即成 10^{-1} 稀释液；再用 1mL 无菌吸管，吸取 10^{-1} 稀释液 1mL 移入装有 9mL 无菌水的试管中，吹吸 3 次，让菌液混合均匀，即成 10^{-2} 稀释液；再换一支无菌吸管吸取 10^{-2} 菌液 1mL 移入装有 9mL 无菌水试管中，即成 10^{-3} 稀释液；以此类推，一定要每次更换吸管，连续稀释，制成 10^{-4}、10^{-5}、10^{-6}、10^{-7}、10^{-8} 等一系列稀释度的菌液，供平板接种使用（图8-10）。

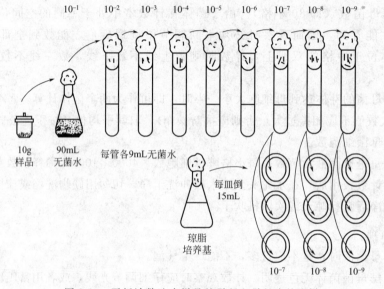

图 8-10　平板计数法中样品的稀释和稀释液的取样

用稀释平板计数时，待测菌稀释度的选择应根据样品确定。样品中所含待测菌的数量多时，稀释度应高，反之则低。通常测定细菌菌剂含菌数时，多采用 10^{-7}、10^{-8}、10^{-9} 稀释度的菌液；测定土壤细菌数量时，多采用 10^{-4}、10^{-5}、10^{-6} 稀释度的菌液；测定放线菌和真菌数量时，多采用 10^{-3}、10^{-4}、10^{-5} 稀释度的菌液。

（2）平板接种培养　平板接种培养有混合平板培养法和涂抹平板培养法两种方法。该实验采用混合平板培养法计数：将无菌平板编上 10^{-7}、10^{-8}、10^{-9} 号码，每一号码设置三个重复的平板，用 1mL 无菌吸管按无菌操作要求吸取 10^{-9} 稀释液各 1mL 放入编号 10^{-9} 的 3 个平板中，同法吸取 10^{-8} 稀释液各 1mL 放入编号 10^{-8} 的 3 个平板中，再吸取 10^{-7} 稀释液各 1mL，放入编号 10^{-7} 的 3 个平板中（由低浓度向高浓度时，吸管可不必更换）。然后在 9 个平板中分别倒入已融化并冷却至 45~50℃ 的细菌培养基，轻轻转动平板，使菌液与培养基混合均匀，冷凝后倒置，适温培养，至长出菌落后即可计数。放线菌和真菌同法可得。

（3）结果计算　计算结果时，常按下列标准从接种后的 3 个稀释度中选择一个合适的稀释度，求出每克待测样品中的含菌数。

① 从三个稀释度中选出一个稀释度（即计算稀释度），每个平板中的菌落数，细菌、放线菌、酵母菌以每板 30~300 个菌落为宜，霉菌以每板 10~100 个菌落为宜。这是因为稀释度过高，菌数少，误差大，稀释度过低，菌数多，不易得到分散的菌落，也不易数清。选出

计算稀释度后，数出该稀释度中三个重复的菌落数，并求出平均的菌落数。

② 同一稀释度的各个重复的菌数相差（平行误差）不能太悬殊。

③ 从低稀释度到高稀释度，以菌落数递减 10 倍为标准，各稀释度间的误差（递减误差）越小越好。

④ 含菌数的计算：含菌数通常以每克样品（烘干重或风干重）中含有的测定菌的数量来表示。可按下面的公式计算。

$$样品含菌量(亿/g)＝平均菌落数×稀释倍数×\frac{湿样重}{干样重}$$

4. 注意事项

（1）在整个实验过程中应无菌操作。

（2）应根据实验所测的样品决定最高稀释度。

（3）混菌法倒培养基时应当注意培养基不能过烫或过冷。

实验六 环境因素对微生物的影响

一、实验原理

常用的化学消毒剂主要有重金属及其盐类，酚、醇、醛等有机化合物以及碘、表面活性剂等。它们的杀菌或抑菌作用主要是使菌体蛋白质变性，或者与酶的—SH 基结合而使酶失去活性。

本实验是观察某些常用的化学药品在一定浓度下对微生物的致死或抑菌作用，从而了解它们的杀菌或抑菌性能。

为了比较各种化学消毒剂的杀菌能力，常以石炭酸为标准，即将某一消毒剂做不同稀释后，在一定条件下、一定时间内致死全部供试微生物的最高稀释浓度，与达到同样效果的石炭酸的最高稀释度的比值，称为这种消毒剂对该种微生物的石炭酸系数（酚系数）。石炭酸系数越大，说明该消毒剂杀菌能力越强。

二、实验材料

1. 菌种：大肠杆菌、白色葡萄球菌。

2. 材料：牛肉膏蛋白胨琼脂培养基、2.5％碘酒、0.1％升汞（$HgCl_2$）、5％石炭酸、75％酒精、1％来苏尔、0.25％新洁尔灭、0.005％龙胆紫、0.05％龙胆紫。

3. 仪器：培养皿、滤纸片、试管、吸管等。

三、操作步骤

1. 各种化学药品的杀菌作用

（1）用无菌吸管吸取培养 18h 的白色葡萄球菌菌液 0.2mL 于无菌平皿内。

（2）倒入已融化并冷至 45℃ 左右的牛肉膏蛋白胨琼脂培养基于上述平皿内，充分摇匀，水平放置，待凝。

（3）将上述已凝固的平皿用记号笔在平皿底划成八等份，每一等份内标明一种药物的名称。

（4）用无菌镊子将小圆形滤纸片分别浸入各种药品中，取出，并在试管内壁上除去多余药液后，以无菌操作将纸片对号放入培养皿的小区内。

（5）将上述放好滤纸片的含菌平皿，倒置于 37℃ 温室中培养 24h 后，取出测定抑菌圈大小，并说明其杀菌强弱。

2. 石炭酸系数的测定

（1）将 5%（1:20）的石炭酸液按表 8-6 配成不同稀释度，每管 5mL。

表 8-6　石炭酸液稀释度

稀释度	原液(1:20)/mL	加水/mL	总量/mL	混匀后取出量/mL	留下量/mL
1:50	2	3	5	0	5
1:60	2	4	6	1	5
1:70	2	5	7	2	5
1:80	2	6	8	3	5
1:90	2	7	9	4	5

（2）将待测药物（来苏尔）先配成 1:20 的原液，再按表 8-7 配成不同稀释度，每管 5mL。

表 8-7　待测药物溶液浓度

稀释度	原液(1:20)/mL	加水/mL	总量/mL	混匀后取出量/mL	留下量/mL
1:150	1	6.5	7.5	2.5	5
1:200	0.5	4.5	5	0	5
1:250	0.5	5.725	6.225	1.225	5
1:300	0.5	7	7.5	2.5	5
1:500	0.25	6.25	6.5	1.5	5

（3）取牛肉膏蛋白胨液体培养基 30 管，1~15 管标明石炭酸的 5 种浓度，每种浓度 3 管，每 3 管分 5min、10min、15min 处理，16~30 管标明来苏尔的 5 种浓度，同样每种浓度 3 管，每 3 管分 5min、10min、15min 处理。

（4）在上述不同浓度的石炭酸和来苏尔溶液中，各接入 0.5mL 大肠杆菌液，摇匀。注意每管自接种时起在 5min、10min、15min，用同一接种环从各管内取一环接入上述已标记的液体培养基试管中。

（5）置 37℃ 温室中培养 48h，观察并记录生长情况。生长者溶液混浊，以"+"表示；不生长者溶液澄清，以"—"表示。

（6）计算系数值：找出在 5min 生长，而在 10min 和 15min 均不生长的石炭酸及来苏尔的最大稀释度，计算二者的比值。例如，石炭酸在 10min 内杀死大肠杆菌的最大稀释度是 1:70，来苏尔是 1:250，则来苏尔的石炭酸系数为 250/70＝3.6。

四、实验结果

1. 结果

（1）各种化学药品对白色葡萄球菌的致死能力记录于下表。

药　剂	抑菌圈直径/mm	药　剂	抑菌圈直径/mm
2.5%碘酒		1%来苏尔	
1%升汞（HgCl₂）		0.25%新洁尔灭	
5%石炭酸		0.005%龙胆紫	
75%酒精		0.05%龙胆紫	

（2）石炭酸系数的测定和计算记录于下表。

杀菌剂	稀释度	加菌后作用时间/min		
		5	10	15
石炭酸	1：50			
	1：60			
	1：70			
	1：80			
	1：90			
来苏尔	1：150			
	1：200			
	1：250			
	1：300			
	1：500			

2. 来苏尔对大肠杆菌的石炭酸系数是多少？

五、问题与思考

化学药剂对微生物所形成的抑菌圈未长菌部分是否说明微生物细胞已被杀死？

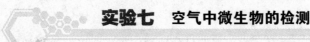

实验七　空气中微生物的检测

被微生物污染的空气是呼吸道传染病的主要传播介质。空气中微生物的多少从一个侧面反映了空气的质量和安全性。常用的空气中微生物的检测方法有沉降法与滤过法。

一、沉降法

1. 目的要求

（1）学习并掌握用沉降法检测空气中的微生物。

（2）了解空气环境中微生物的数量。

2. 实验原理

虽然空气不是微生物栖息的良好环境，但由于种种原因，空气中存在着相当数量的微生物。一旦空气中的微生物沉降到固体培养基表面，经过一段时间的适温培养，每个分散菌体或孢子就会形成一个肉眼可见的细胞群体，即菌落。观察形态和大小各异的菌落，可以大致鉴别空气中存在的微生物种类。计算菌落数，可按公式推算 $1m^3$ 空气中的微生物数量。

3. 实验材料

（1）培养基：牛肉膏蛋白胨培养基、马铃薯蔗糖培养基、高氏一号合成培养基。

（2）仪器：高压蒸汽灭菌锅、干热灭菌箱、恒温培养箱、4℃冰箱。

（3）其他用品：培养皿、吸管、标签纸等。

4. 操作步骤

（1）标记培养皿：取 6 套培养皿，分别在皿底贴上标签，注明所用的培养基。

（2）制作平板：融化细菌（牛肉膏蛋白胨）琼脂培养基，真菌（马铃薯蔗糖）琼脂培养基和放线菌（高氏一号）琼脂培养基，每种培养基各倒 2 皿，将细菌培养基直接倒入培养皿中，制成平板。在制作后两种平板前，预先在培养皿内加入适量的链霉素液，再倾倒真菌培养基，混匀，制成平板；同样在培养皿内加入适量的重铬酸钾液，再倾倒放线菌培养基混匀，制成平板。

（3）暴露取样：在指定的地点取三种平板培养基，打开皿盖，在空气中暴露 5min 或 10min。时间一到，立即合上皿盖。

（4）培养观察：将培养皿倒转，置 28～30℃ 恒温培养箱中培养。细菌培养 48h，真菌和放线菌培养 4～6d。计数平板上的菌落，观察各种菌落的形态、大小、颜色等特征。

（5）计算 $1m^3$ 空气中的微生物数量：根据奥梅梁斯基的建议，如果平板培养基的面积为 $100cm^2$，在空气中暴露 5min，于 37℃ 下培养 24h 后长出的菌落数，相当于 10L 空气中的细菌数。即：

$$X = \frac{N \times 100 \times 100}{\pi r^2}$$

式中　X——每立方米空气中的细菌数；

　　　N——平板培养基在空气中暴露 5min，于 37℃ 下培养 24h 后长出的菌落数；

　　　r——底皿半径，cm。

5. 注意事项

（1）在野外暴露取样时，应选择背风的地方，否则会影响取样效果。

（2）根据空气污染程度确定暴露时间。如果空气污浊，暴露时间宜适当缩短。

6. 问题与思考

试分析沉降法测定空气中微生物数量的优缺点。

二、滤过法

1. 目的要求

（1）学习并掌握空气中微生物的滤过法检测。

（2）了解空气环境中微生物的数量。

2．基本原理

使一定体积的空气通过一定体积的无菌吸附剂（通常为无菌水，也可用肉汤液体培养基），然后用平板培养法培养吸附剂中的微生物，以平板上出现的菌落数计算空气中的微生物数量。

3．实验器材

（1）培养基：同沉降法。

（2）器皿：盛有 50mL 无菌水的三角瓶，5L 蒸馏水瓶，其余同沉降法。

4．操作步骤

（1）灌装自来水：在 5L 蒸馏水瓶中，灌装 4L 自来水。

（2）组装滤过装置：按图 8-11 组装好滤过装置。

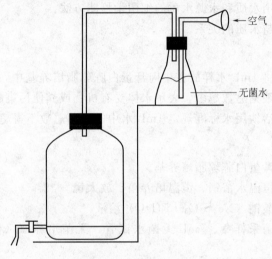

图 8-11　平板滤过装置

（3）抽滤取样：旋开蒸馏水瓶的水龙头，使水缓缓流出。外界空气经喇叭口进入三角瓶中，4L 水流完后，4L 空气中的微生物被滤在 50mL 无菌水（吸附剂）内。

（4）培养观察：从三角瓶中吸取 1mL 水样放入无菌培养皿中（重复 3 皿），每皿倾入 12～15mL 已融化并冷却至 45℃左右的牛肉膏蛋白胨培养基，混凝后，置 28～30℃下培养 48h，计数培养皿中的菌落。

（5）计算结果：

$$细菌数（个/L 空气）=\frac{每皿菌数的平均数\times50}{4}$$

5．注意事项

（1）仔细检查滤过装置，防止漏气。

（2）水龙头中的水流不宜过快，否则会影响滤过效果。

6．问题与思考

试比较用沉降法和滤过法测定空气中微生物数量的异同点。

实验八　水中细菌总数和大肠菌群的检测

水中细菌的多少从一方面反映了水的质量。在水质评价中，细菌总数和大肠菌群数量是两个非常重要的检测指标。通过检测结果与卫生标准比对，可以从细菌学的角度，对饮用水及水源水的水质安全性做出判断。

一、水中细菌总数的测定

1. 目的要求

(1) 学习并掌握饮用水质和水源水质的细菌学检测方法。

(2) 了解细菌总数与水质的关系。

2. 实验原理

所谓细菌总数是指将 1mL 水样放在牛肉膏蛋白胨琼脂培养基中，于 37℃ 培养 24h 后所长出的细菌菌落总数。细菌总数越多，表示水体受有机物或粪便污染越严重，携带病原菌的可能性也越大。我国生活饮用水标准规定 1mL 水中的细菌总数不得超过 100 个。

3. 实验器材

(1) 培养基：牛肉膏蛋白胨琼脂培养基。

(2) 仪器：电炉、恒温水浴锅、恒温培养箱、放大镜。

(3) 试剂：硫代硫酸钠（$Na_2S_2O_3 \cdot 5H_2O$）溶液。

(4) 其他用品：无菌采样瓶、9mL 无菌水试管、无菌培养皿（直径 9cm）、无菌移液管等。

4. 操作步骤

(1) **水样采取**　为了反映真实水质，采样需要无菌操作，检测前应防止杂菌污染。

① 饮用水（自来水）水样的采取：先用火焰灼烧自来水龙头 3min（灭菌），然后打开水龙头排水 5min（排除管道内积存的死水），再用无菌采样瓶接取水样。如果水样中有余氯，则需在对采样瓶进行灭菌前，在瓶中加一定量的硫代硫酸钠（$Na_2S_2O_3 \cdot H_2O$）溶液（每采 500mL 水样，添加 1mL 3% 硫代硫酸钠溶液），以消除余氯作用。

② 水源水样的采取：先将无菌采样瓶浸入水中，在距离水面 10～15cm 地方打开瓶盖，盛满水后，盖上瓶盖，再从水中取出。

(2) **细菌总数的测定**

① 水样稀释：根据水样受有机物或粪便污染的程度，可用无菌移液管做 10 倍系列稀释，获得 1:10、1:100、1:1000 等系列稀释液。

② 混菌法接种：按照无菌操作的要求，用无菌移液管吸取原水样 1mL 或选取适宜的稀释液 1mL，注入无菌培养皿中，倾注 15mL 融化并冷却到 45℃ 左右的牛肉膏蛋白胨琼脂培养基，立即旋转培养皿使水样与培养基混匀，每个稀释度设置 2 个培养皿，另设 2 个培养皿作为对照。

（3）培养：待琼脂培养基凝固后，翻转培养皿，底面向上，置于37℃恒温培养箱内培养24h。

（4）计算每个稀释度的平均菌落数：由于每个稀释度设置2个培养皿，一般取这两个培养皿的菌落平均数作为代表值；若其中一个培养皿长有较大的片状菌落（菌落连在一起，成片难以区分），则剔除该培养皿的菌落数，以另一个培养皿的菌落数作为代表值；若片状菌落覆盖的面积不到培养皿的一半，并且其余一半的菌落分布均匀，则可计数半个培养皿的菌落数，乘以2后，再作为整个培养皿的代表值。

（5）计算细菌总数：将菌落数介于30～300之间的稀释度视为有效数源，计算水样的细菌总数。

5. 注意事项

（1）从取样到检测的时间间隔不得超过4h。若不能及时检测，应将水样保存在冰箱内，但存放时间不得超过24h，并需在检验报告上注明。

（2）搞清每个培养皿的菌落数、每个稀释度的平均菌落数（代表值）和细菌总数三者之间的关系。

6. 问题与思考

细菌总数测定能否测得水中的全部细菌？为什么？

二、水中总大肠菌群的检测

1. 目的要求

（1）了解饮用水和水源水大肠菌群检测的原理和意义。

（2）学习饮用水和水源水大肠菌群检测的方法。

2. 实验原理

大肠菌群，又称总大肠菌群，是能在37℃下生长并能在24h内发酵乳糖产酸产气的革兰阴性无芽孢杆菌的总称，主要包括肠菌科的埃希菌属、柠檬酸杆菌属、肠杆菌属和克雷伯菌属。其中，一些大肠菌群细菌能在44℃下生长并发酵乳糖产酸产气，由于它们主要来自粪便，因此将它们称为"粪大肠菌群"。在人粪中，粪大肠菌群占总大肠菌群数的96.4%。大肠菌群已成为国际上公认的粪便污染指标。

我国现行生活饮用水标准规定，每升水中总大肠菌群数不得超过3个；如果只经过加氯消毒即供作生活饮用水，每升水源水中的总大肠菌群数不得超过1000个；如果经过净化处理和加氯消毒后再供作生活饮用水，每升水源水中的总大肠菌群数不得超过10000个。

3. 实验材料

（1）水样：自来水或受粪便污染的河水、池水、湖水。

（2）培养基：乳糖蛋白胨培养基、三倍浓缩乳糖蛋白胨培养基、伊红美蓝琼脂培养基。

（3）玻璃器具：500mL锥形瓶1个、250mL锥形瓶1个、试管（15×150mm）7支、大试管（18×180mm）10支、1mL移液管4支、10mL移液管1支、培养皿3～4套。

（4）仪器及其相关用品：显微镜、香柏油、二甲苯（或1：1的乙醚酒精溶液）、吸水纸、擦镜纸。

（5）其他用品：载玻片、盖玻片、革兰染色液。

4. 操作步骤

根据我国生活饮用水标准检验法，总大肠菌群数可用多管发酵法或滤膜法检验。本实验采用多管发酵法（MPN法）。

（1）水样的采取和保藏　采取水样的方法类同于上述细菌总数检测。如需检测好氧微生物，采样后应立即换成无菌棉塞。

水样必须及时检测，若因故不能及时检测，则必须放在4℃冰箱内保存。如果没有低温保藏条件，则应在报告中注明。对于较清洁的水样，采样与检测的时间间隔不得超过12h；对于污水水样，采样与检测的时间间隔不得超过6h。

（2）生活饮用水的检测　总大肠菌群的检测步骤如图8-12所示。

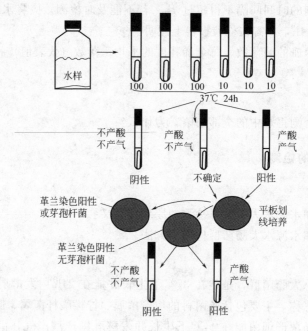

图 8-12　总大肠菌群的检测

① 初发酵实验：在2支各装有50mL三倍浓缩乳糖蛋白胨培养基的大发酵管中，以无菌操作的方法分别加入待测水样100mL，在10支各装有5mL三倍浓缩乳糖蛋白胨培养基的发酵管中，以无菌操作的方法分别加入水样10mL，混匀后置于37℃恒温箱中培养24h，观察产酸产气情况。若培养液未变成黄色（不产酸），小支管中无气体（不产气），则判为阴性反应，表明不存在大肠菌群；若培养液变成黄色（产酸），小支管中有气体（产气），则判为阳性反应，表明存在大肠菌群；若培养液变成黄色（产酸），但小支管中无气体（不产气），则结果不能确定。阳性反应管和不确定管都需进一步检测。若倒置的小支管内含有气体，培养液不变色，也不浑浊，说明操作有问题，应重新检测。

② 平板划线分离：将培养24h后产酸（培养基呈黄色）产气或只产酸不产气的发酵管取出，以无菌操作的方法，用接种环挑取一环发酵液划线接种于伊红美蓝培养基上，置于37℃恒温箱内培养18～24h，观察菌落特征。如果涂片镜检，见到的细菌是无芽孢杆菌，革兰染色呈阴性反应，平板上的菌落具有下述特征，则表明存在大肠菌群：深紫黑色，具有金

属光泽；紫黑色，不带或略带金属光泽；淡紫红色，中心颜色较深。

③ 复发酵实验：以无菌操作的方法，用接种环在具有上述特征的菌落上挑取一环，放入装有 10mL 普通浓度乳糖蛋白胨培养基的发酵管内，盖上试管塞，置于 37℃ 恒温箱内培养 24h，如果产酸产气，则证实存在大肠菌群。

根据确认的阳性菌试管数，计算每升水样中大肠菌群数。

（3）水源水的检测

① 稀释水样：根据水源水的清洁程度确定水样的稀释倍数，除污染严重的水样外，一般采用 10 倍稀释法（需无菌操作），稀释为 1∶10 和 1∶100。

② 初发酵实验：以无菌操作的方法，用无菌移液管吸取 1mL 1∶100 和 1∶10 的稀释水样以及 1mL 原水样，分别注入装有 10mL 普通浓度乳糖蛋白胨培养基的发酵管中，另取 10mL 原水样，注入装有 5mL 三倍浓缩乳糖蛋白胨培养基的发酵管中（注意：如果水样较清洁，可再取 100mL 水样，注入装有 50mL 三倍浓缩的乳糖蛋白胨培养基发酵瓶中），置 37℃ 恒温箱中培养 24h 后观察结果。

后续测定与生活饮用水的测定方法相同。

③ 根据确认的阳性管（瓶）数，计算每升水样中的大肠菌群数。

5. 注意事项

（1）如果检测被严重污染的水样或检测污水，稀释倍数可选得大些。

（2）对于被严重污染的水样和污水，可根据初发酵实验中的阳性管数，计算每升水样中的大肠菌群数。

6. 问题与思考

（1）测定水中大肠菌群数有什么实际意义？为什么选用大肠菌群作为水的卫生指标？

（2）根据我国饮用水水质标准，讨论这次检验结果。

参考文献

[1] 欧阳叙向主编. 生物统计. 重庆：重庆大学出版社，2007.

[2] 陈魁编著. 试验设计与分析. 北京：清华大学出版社，2005.

[3] 袁志发，周静芋主编. 试验设计与分析. 北京：高等教育出版社，2000.

[4] 奚旦立，孙裕生，刘秀英编. 环境监测. 第三版. 北京：高等教育出版社，2004.

[5] 国家环境保护总局. 水和废水监测分析方法. 第四版. 北京：中国环境科学出版社，2002.

[6] 奚旦立主编. 环境工程手册 环境监测卷. 北京：高等教育出版社，1998.

[7] 国家环境保护总局编. 空气和废气监测分析方法. 第四版. 北京：中国环境科学出版社，2003.

[8] SY/T 5329—1994.

[9] GB/T 16489—1996.

[10] GB/T 16488—1996.

[11] 郝吉明，段雷主编. 大气污染控制工程实验. 北京：高等教育出版社，2004.

[12] 黄学敏，张承中主编. 大气污染控制工程实践教程. 北京：化学工业出版社，2003.

[13] 郝吉明，马广大主编. 大气污染控制工程. 北京：高等教育出版社，2002.

[14] 蒋文举主编. 大气污染控制工程. 北京：高等教育出版社，2006.

[15] 章非娟，徐竟成. 环境工程实验. 北京：高等教育出版社，2006.

[16] W. W. 埃肯费尔德，J. L. 马斯特曼. 工业废水的活性污泥处理法. 姜文焯，朱光编译. 北京：建筑工业出版社，1997.

[17] 高延耀，顾国维，周琪. 水污染控制工程. 第三版. 北京：高等教育出版社，2007.

[18] 宋业林，宋襄翎. 水处理设备实用手册. 北京：中国石化出版社，2004.

[19] 王建龙译. 环境工程导论. 第三版. 北京：清华大学出版社，2002.

[20] 吴芳云，陈进富，赵朝成等编. 石油环境工程. 北京：石油工业出版社，2002.

[21] 张世君. 油田水处理与检测技术. 北京：石油工业出版社，2003.

[22] 王广金，陈文梅，褚良银等. 钻井污水处理工艺的实验研究 [J]. 工业水处理，2004，24 (10)：17-19.

[23] 杨小华，李ң东，李莉等. 中原油田废弃钻井液污染评价及处理剂研究 [J]. 钻采工艺，2001，24 (2)：57-59.

[24] 张红岩，吕荣湖，郭绍辉. 混凝-臭氧氧化法处理三磺泥浆体系钻井废水 [J]. 过程工程学报，2007，7 (4)：718-721.

[25] 徐辉，王丘，钱杉杉等. 油田废弃钻井液无害化处理 [J]. 钻井液与完井液，2009，26 (4)：83-85.

[26] 钱杉杉，王兵，张太亮等. O_3/H_2O_2 氧化技术处理钻井废水的研究 [J]. 石油与天然气化工，2007，36 (5)：427-429.

[27] 范青玉，何焕杰，王永红等. 钻井废水和酸化压裂作业废水处理技术研究进展 [J]. 油田化学，2002，19 (4)：387-390.

[28] 钟显，赵立志，杨旭等. 生化处理压裂返排液的试验研究 [J]. 石油与天然气化工，2006，35 (1)：70-72.

[29] 刘晓冬，徐景祯. 聚合物驱产出水回注油层的污染物质确定 [J]. 环境工程，2001，19 (1)：57-58.

[30] 沈萍，范秀容，李广斌. 微生物学实验. 第三版. 北京：高等教育出版社，2001.

[31] 黄秀梨等. 微生物学实验指导. 北京：高等教育出版社，施普林格出版社，1999.

[32] 周群英等. 环境工程微生物学. 第三版. 北京：高等教育出版社，2008.

[33] 顾夏生等. 水处理微生物学. 第三版. 北京：中国建筑工业出版社，1998.

[34] 林肇信，郝吉明，马广大主编. 大气污染控制工程实验. 北京：高等教育出版社，1991.